図説 自然と環境

江口 旻・飯田貞夫・斎藤 仁・志村 聡著

古今書院

はじめに

　今，自然界には，わずか1日で1カ月分の雨が降ったり，今まで地震の少なかった地域に直下型大地震が起き，弱小の動植物が絶滅の危機にさらされたりと種々の大きな変化が起こっています。我々は，どのようにしたらこのような自然界の変化を食い止めることができるのか。問題が大きくて，一つの科学だけでは解決することができません。

　自然保存・保護・自然改造など，いろいろな言葉がありますが，いずれも自然を人間にとって都合のよいように利用しているものが多いように思われます。一度壊してしまった自然を元通りにするためには，多くの時間と費用がかかります。なかには元通りにすることができないものもあります。自然を保存・保護・改造するには，その自然環境・景観がどのような条件・構造・状況によって成立したのかを考慮しなければなりません。

　本書は，これらの問題を一つひとつ解決しようとする研究書ではありません。地表面とその周辺の自然がどのような構造からできているか，それについて過去にどのような考え方があったか，現在どのように分類・整理されているかを知る一つの手がかりにしたいと思い，自然とくに地理的事象を中心に，研究書ではなく入門書または啓発書という観点から，それぞれの分野を分担してわかりやすくまとめてみました。

　本書を書くにあたって先輩諸氏の大変貴重な研究成果を多く引用させていただきました。厚く御礼申し上げます。本書でそれぞれの分野がもつ自然環境の仕組みの一つでも理解していただければ幸いと思います。図版に出典のないものは古今書院の『図解・表解の地理』より引用しました。

　本書を出版するにあたって，資料収集・整理などの助力・助言をくださった大島　徹氏と長田信男氏に心より御礼申し上げます。

　まだまだ未熟な私たちですが，これから地理学は人の役に立つ学問という点を忘れずに頑張ってそれぞれの分野で研究活動をしていくつもりです。

　種々不足しているものが数多くありますが，皆様からのご指摘をいただければ幸いと思っております。

2008年3月

著者代表　江口　旻

目　次

はじめに……………………………… 1

Ⅰ　地理発展のあゆみ……………………… 5
(1) 地理学史年表……………………… 5
(2) 地図の変遷と地理的視野の拡大………… 7
(3) 近代地理思想……………………… 7

Ⅱ　地　図……………………………… 8
(1) 地 図 史…………………………… 8
(2) 地図の種類と図法………………… 9
(3) 地形図と読図……………………… 14
(4) 地図記号…………………………… 16

Ⅲ　大地形と小地形……………………… 19
(1) 地形の成因と種類………………… 19
(2) 地形の輪廻………………………… 20
(3) 世界の大地形……………………… 21
(4) 小 地 形………………………… 22
　①山地の地形……………………… 22
　②台地の地形……………………… 24
　③平地（平野）の地形…………… 24
　④海岸の地形……………………… 29
　⑤氷河地形………………………… 33
　⑥カルスト地形…………………… 34
　⑦乾燥地形………………………… 36
　⑧火　　山………………………… 38
　⑨火山活動と噴出物の種類……… 38
　⑩火山の分類……………………… 39

Ⅳ　プレートテクトニクス……………… 43
(1) 大陸漂移説………………………… 43
(2) 地　震……………………………… 44

Ⅴ　気候と気象…………………………… 48
(1) 気候要素と気候因子……………… 48
(2) 気　温……………………………… 48
(3) 降　水……………………………… 49
(4) 風…………………………………… 52
(5) 世界の気候………………………… 57
　①ケッペンとアリゾフの気候分類………… 57
　②世界の気候……………………… 59
　③日本の気候……………………… 64
　④雪と人間生活（雪国日本）…… 64
　⑤雪対策（日本の豪雪地帯）…… 69
　⑥地球温暖化の実態と対策……… 71
　⑦おもな環境問題………………… 72

Ⅵ　世界の土壌…………………………… 76

Ⅶ　陸　水……………………………… 81
(1) 河　　川…………………………… 81
(2) 河川の基礎用語…………………… 81
(3) 水害に対する古人の知恵………… 85
(4) 地下水の賦存状態………………… 86
(5) 地下水の水質……………………… 87
(6) 地下水と人間生活………………… 89
(7) 日本の地形と陸水………………… 93
(8) 湖　沼……………………………… 95

Ⅷ　海　洋……………………………… 98
(1) 世界の海洋と分類………………… 98
(2) 世界のおもな海流………………… 101
(3) 海洋開発…………………………… 103
(4) 日本付近の海流…………………… 103

参考文献……………………………… 107

I　地理発展のあゆみ

(1) 地理学史年表

年　代	地理的知識・事項	年　代	地理的知識・事項
BC2500ころ	バビロニア　粘土板の図	1613〜1620	支倉常長　ローマ・仙台往復
1300ころ	エジプト　パピルスの地図（ヌビア金抗図）	1620	メイフラワー号　コッド岬に上陸
500ころ	ピタゴラス　地球球体説	1639	クビロフ　シベリア横断東岸に至る　日本鎖国令
	ヘカタイオス　世界地図（円盤状）・〔世界周遊〕	1642	タスマン　オーストラリア周航（タスマニア発見）
430ころ	ヘロドトス「歴史」(Historie) 9巻	1695	西川如見　『華夷通商考』
335ころ	アリストテレス　地球球体説を実証	1709	新井白石　『西洋紀聞』1712『采覧異言』
334〜323	アレキサンダー大王　ペルシャ・インド遠征	1733	ジョンケイ　飛び杼（とびひ、織物技術）発明
290ころ	メガステネス　「インド誌」	1735	ダービー　コークス製鉄法の成功
230ころ	エラトステネス　地球の周囲を測定（シエネで）	1750	カッシーニ父子　1／86,400 フランス図作成
139〜126	漢の張騫　西域に使す	1764	ハーグリーブス　多軸紡績機を発明
58〜51	シーザー「ガリア戦記」	1765	ワット　蒸気機関の改良
AD 20ころ	ストラボン「地理学」(Geographica) 17巻	1768〜1771	クック　第1回世界周航
57ころ	日本　倭奴国王が後漢光武帝に勅使	1779	長久保赤水『日本輿地路程全図』
98ころ	タキツス　「ゲルマニア誌」	1785	カートライト　力織機の発明
150ころ	プトレマイオス（トレミー）世界地図（単円錐図法の一種）「アルマゲスト」「地理学入門」	1786	最上徳内　千島・樺太探検
		1788	オーストラリア　英植民地
166ころ	ローマ皇帝アントニウスの使中国へ行く	1798	マルサス　『人口論』
550ころ	コスマス　「キリスト教地誌」	1800〜1818	伊能忠敬『大日本沿海輿地全図』の測量と製図
629〜645	唐僧玄奘　インド遠征「大唐西域記」	1807	フルトン　汽船の製作
630ころ	イシドルス「語源誌」(OT地図付載)	1810	高橋景保　『新訂万国全図』
713	『風土記』の編纂始まる（元明天皇和銅6年）	1814	スチーブンソン　蒸気機関車作る
738	聖武天皇国郡図の作成を命ず（いわゆる行基図）	1817	リッター　『一般比較地理学』
980ころ	ノルマン人　グリーンランドに達す	1819	機帆船サバンナ号大西洋横断
1096	第1回十字軍（〜1270まで8回）遠征	1826	チューネン　農業立地論『独立国』発表
1154	イドリーシー　イスラムの世界図（日本を記載）	1845	フンボルト『コスモス』（〜'47）
1271〜1295	マルコポーロ　中央アジア・シナ・インド旅行	1848	ゴールドラッシュ（カリフォルニア）
1299	マルコポーロ　『東方見聞録』（口述した見聞録）	1849〜1873	リビングストーン　ザンベジ川から南アフリカ横断
1300ころ	ポルトラノの海図（コンパス図）普及	1859	ドレークが近代的採油
1355	イブン・バツータ『三大陸周遊記』	1868〜1872	リヒトホーフェン　中国探検調査『支那』('77)
1405〜1434	明の鄭和　東南アジアにおける7回の大航海	1869	スエズ運河完成　米大陸横断鉄道開通
1474	トスカネリ　世界地図		福沢諭吉　『世界国尽』
1488	バーソロミュー・ディアス　喜望峰を発見	1871	日本　三角測量開始（工部省測量司）
1492	コロンブス　サンサルバドル島発見	1873	冷凍船の発明（'77年初就航）
	マルチン・ベハイム　地球儀を作成	1875	ジーメンス・ハルスケ　電車発明
1497	ジョン・カボット　ニューファンドランド到着	1876	ベル　電話発明
1498	バスコ・ダ・ガマ　インド（カリカット）到着	1877	トーマス　製鋼法発明
1499	アメリゴ・ベスプッチ　ベネズエラ発見	1878	ノルデンショルド　北極海北東航路開く
1500	カプラル　ブラジル発見	1882〜1891	ラッツェル『人類地理学』（環境決定論）
1513	バルボア　パナマ地峡横断	1883	ダイムラー　ガソリン機関発明
1519〜1522	マゼラン　世界周航(1521年セブ島で死亡)	1884	ケッペン　気候区分（6気候24気候区）
1521	フェルナンド・コルテス　メキシコ征服	1886	ダイムラー　自動車発明
1532	フランシスコ・ピサロ　ペルー征服	1893	ディーゼル　ディーゼル機関を発明
1569	メルカトルの世界地図	1894	ヘイディン　第1回中央アジア探検（タリム盆地）
1570	オルテリウス　『地球の舞台』（世界地図帳）	1895	マルコニー　無線電信機発明
1577	イエルマーク　ウラルを越えシベリアへ	1899	デービス　侵食輪廻説『地文学』
1602	マテオ・リッチ（利瑪竇）『坤輿万国全図』	1900	ツェッペリン　飛行船発明
1605	徳川幕府　各藩に国絵図をつくらせる	1901	八幡製鉄所開業　スタイン　中央アジア探検

年　代	地理的知識・事項	年　代	地理的知識・事項
1903〜1906	アムンゼン　北極海北西航路開く	1989	ベルリンの壁崩壊
1903	ライト兄弟の飛行機　飛ぶ	1990	東西ドイツ統一，湾岸戦争
1908	ピアリー　北極点到達 中近東で初の油田 (イラン)	1991	バルト3国独立　旧ソ連邦構成11共和国，
1909	アルフレッド・ウェーバー『工業立地論』		「独立国家共同体」(CIS) 創設
1910〜1912	白瀬 矗　南緯80°05′に達す		長崎雲仙普賢岳火砕流発生
1911	アムンゼン　南極点に達す		南アフリカ共和国アパルトヘイト終結
	シュナイダー　火山形態を分類発表		ワルシャワ条約機構解体
1912	ウェゲナー大陸移動説提唱	1992	カンボジア暫定統治機構発足
1914	パナマ運河開通		地球サミット (国連環境会議) 開催
1920	日本第1回国勢調査	1993	EU単一通貨 (ユーロ) 発行　EU (欧州連合) 発足
1922	ブラーシュ『人文地理学原理』(環境可能論)		ウルグアイラウンド (新多角的貿易交渉) 妥結
1924	日本地理学会結成『地理学評論』('25)	1994	パレスチナ・イスラエル　パレスチナ暫定自治調印
1926	ホイットルセー『世界農業地域図』		アセアン地域フォーラム発足
1928	ソ連第1次五カ年計画実施	1995	兵庫県南部地震　阪神淡路大震災 (M6.0)
1933	アウトバーン建設開始　TVA完成		WTO (世界貿易機関) 発足　148カ国
1938	カローザス　ナイロンを発明	1997	大場満郎　北極海単独踏破
1945	国際連合発足 (加盟国51カ国)　アラブ連盟結成		香港中国に返還　京都議定書発行 (米・中未加入)
1946	英　ニュータウン法成立	1998	北朝鮮ミサイル発射三陸沖着弾
1948	ソ連自然改造計画　OSA結成	1999	台湾大地震　死者1万人
	OEEC結成 (→ '61 OECD)	2000	有珠山噴火　三宅島噴火　全島非難
	第1次中東戦争 (→ '49)	2001	アメリカ同時多発テロ
1949	COMECON・NATO成立　中華人民共和国成立	2002	スイス国連加盟
1953	エベレスト初登頂 (イギリス隊)		アフリカ連合発足
1954	ソ連　世界初の原子力発電		チャドで最古の人類化石発見
	欧米間に北極圏航路開設 (東京へは1957年)	2003	世界水フォーラム開催
1955	第1回AA会議　ワルシャワ条約機構成立		ヒトゲノム解読完了
1956	スエズ運河国有化	2004	EU憲法採択
1957	人工衛星スプートニク1号打ち上げ (ソ連)		新潟県中越地震
1957〜1958	国際地球観測年 (IGY) 世界50カ国参加		スマトラ沖地震　インド洋大津波
1958	EEC発足 ('67年ECに統合) 中国で人民公社運動	2005	(死者約18万人，不明約4.6万人)
1959	キューバ革命成功 ('61年社会主義国家)		パキスタン北部地震 (M7.6)
	セントローレンス水路開通		(死者約8.7万人)
	アジアハイウェー計画採択		アメリカ　ハリケーン (カトリーナ) 発生，大被害
1960	OPEC結成　EFTA成立		福岡西方沖地震 (M7.0)
1961	ゴットマン『メガロポリス』発表		土星最大衛星 (タイタン) に初着陸
1962	通信衛星テルスター1号		地球深部探査船指導
1964	第1回UNCTAD 新幹線・名神高速道路開通		知床世界遺産に
1967	第3次中東戦争 (スエズ運河閉鎖)　ASEAN成立		冥王星が惑星から除外
1968	OAPEC結成　チェコ事件　小笠原日本復帰	2006	ソロモン諸島地震
1971	アスワンハイダム完成		新潟中越沖地震
1972	国連人間環境会議　沖縄日本復帰	2007	能登沖地震
1973	拡大EC発足　第4次中東戦争 (オイルショック)		月探査「カグヤ」打ち上げ
1975	ベトナム戦争終結　スエズ運河再開　タンザン鉄道	2011	東北地方太平洋沖地震　東日本大震災
1977	日本　領海12カイリ・漁業水域200カイリ実施		(M9.0)
1979	イランでイスラム革命 (第2次オイルショック)	2016	熊本地震 (M9.3)
1984	バム (第2シベリア) 鉄道開通		イギリス　国民投票によりEU離脱を決める
1988	青函海底トンネル・本四架橋供用開始		
	トロントサミットえNICSはNIESに		

(2) 地図の変遷と地理的視野の拡大（各時代に描かれた世界地図に，地理的視野の拡大が示されている）

時　代	地図と地理的知識・視野 の 拡 大	時　代	地図と地理的知識・視野 の 拡 大
西洋 古代	バビロニア……居住地中心の世界 　粘土板の世界図 ギリシア時代 　初期……地中海沿岸地域中心の世界 　ヘカタイオスの世界地図（BC500ころ） 　円盤状の世界，周囲にオケアノス（海） 　世界→2大陸，エウロパ・アジア 　交易の発達・アレキサンダー大王の遠征 　　→中央アジア・インドへ拡大 ローマ時代 　ローマ軍の大遠征・絹街道による東西交流 　西はイギリス・ドイツ　東はインド・ 　　中国へ拡大 エラトステネス（BC293～192） 　21地点の太陽高度を測って地球の円周を測定 プトレマイオス（トレミー）の世界地図（AD150ころ） 　地球球体説を背景に単円錐図法 　20°S～60°N，0°～180°Eの範囲	近代	地理上の発見（15C末～16C）→世界知識拡大 トスカネリの世界地図（1474） 　プロレマイオスの地図が基礎 　ヨーロッパ西岸～アジアと右岸まで130° 　海上にジパング（日本）など記載 　南北アメリカ・オーストラリア不明 　コロンブスのアメリカ発見に影響 メルカトルの世界地図（1569） 　メルカトル図法による地図 　16世紀後半の世界を示す 　大西洋・インド沿岸の輪郭が正確 　太平洋沿岸・赤道はすべて正確 　極地方に行くにつれて拡大 　南極は不正確
中世	キリスト教・封建制度の支配による地理的知識 の停滞 　OT地図（車輪図）　地球円盤説 　エルサレム中心の世界図 古代地理学→アラビアに継承 　イドリーシーの世界地図（1150ころ） 　　日本（ワクワクWAKUWAKU）を記載	日本 古代 中世 江戸 明治	三国世界観→本朝（日本）・唐（中国）・天竺 　（インド）の3国を全世界とする 日本人の海外進出（倭寇）→南蛮の知識 ヨーロッパ人渡来（16C中）→世界知識拡大 鎖国—中国・オランダとの通商 マテオ・リッチ（利瑪竇）『坤輿万国全図』 　（オルテリウスの世界地図を漢訳した物，1602） 　武士階級に影響 開国，福沢諭吉の西洋事情（1866） 世界国尽（1869）→一般国民へ世界の知識

(3) 近代地理思想

ワレニウス（1622-1650） 　オランダの地理学者．主著『一般地理学』． 　初めて地理学を体系化．地理学は地球を対象とする一般地理学と地域の現象を研究対象とする特殊地理学とに区分する．	ラッツェル（1844-1904） 　ドイツの地理学者，主著『人類地理学』・『政治地理学』．ハイデルベルグ大学で地質学，動物学を専攻し，後にライプチヒ大学教授．最初自然科学の研究に従事したが，後に地理学者となり，ヨーロッパや北米各地を旅行した．この中で，ラッツェルは，フンボルトとリッターが基礎を築いた地理学を体系づけ，科学的地理学を打ち立てた．彼は，人間も他の生物と同じように，自然環境によってその生活が変化すると唱え，環境と人間生活との間の因果関係を見つけ出すのが地理学であるとした．このため，彼の環境論は環境決定論と呼ばれる．
モンテスキュー（1689-1755） 　フランスの哲学者，政治学者．主著『法の精神』．三権分立の必要を主張するとともに，社会の諸制度を人間の性質と環境との関係より論ずる．18世紀の代表的環境論者．	
カント（1724-1804） 　ドイツの哲学者．自然地理学の講義の中で地理を6つ分けて体系づけ，歴史学が時間的に生じた現象の記述であるのに対し，地理学は空間的に生じた現象の記述であるとした．	
フンボルト（1769-1859） 　ドイツの自然地理学者，博物学者，探検家．主著『コスモス』．世界各地を旅行し，自然科学的方法を地理学に応用し，地理上の自然現象に因果的な説明を与えた．このため，近代自然地理学の祖といわれる．	ブラーシュ（1845-1918） 　フランスの地理学者，主著『人類地理学原理』．高等師範教授やパリ大学教授．フンボルトやリッターの著書を研究し，広くヨーロッパや北米を旅行した．死後整理公表された論文が，ブラーシュの地理学に対する考えを最もよく示している．彼は，地理学に人間の主体性を認め，自然環境は人間生活を規定するものではなく，単に可能性を与えるものに過ぎないとした．つまり，人間生活は自然環境から影響を受けるが，影響の仕方は人間の働きかけによってちがうと，人間の主体性を強調した．このため，ラッツェルの環境決定論に対して，環境可能論と呼ばれている．
リッター（1779-1859） 　ドイツの地理学者，主著『一般的比較地理学』．哲学，歴史学より出発して地理学者となり，大旅行の経験は少なかったが，広い知識と思索的研究により，自然と人間との依存関係を地理学の対象とし，各地の比較研究によってこれを説明した．近代人文地理学の祖である．	

Ⅱ 地　図

(1) 地 図 史

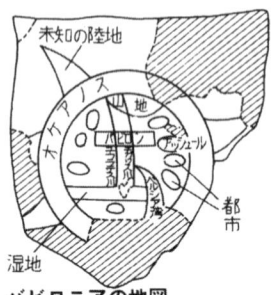

バビロニアの地図
B.C.2500年ころ
中心はバビロン，周辺に小都市
周囲はオケアノスでかこまれる。

ヘカタイオスの世界図
B.C.500年ころ
地球円盤説による世界図
中心はギリシア，地中海沿岸正確

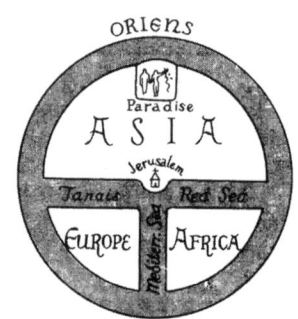

イシドルスのOT地図　630年ころ
中心はエルサレム，Oは四海
Tは地中海と直交する大洋を示す。

プトレマイオスの世界地図　150年ころ
地球球体説による世界図(単円錐図法)
3大陸…世界陸地の約30％描く。

イドリーシーの世界地図　1150年ころ
アラビアの地図(上部が南)
ワクワク(日本)を記載する。

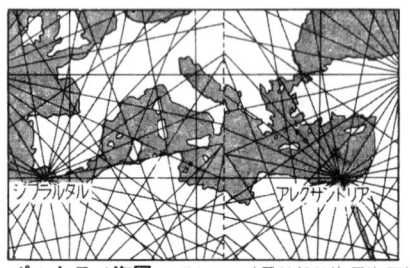

ポルトラノ海図　14世紀ころ(羅針盤航海用海図)
主要地点からの方位線
海岸線が正確に描かれる。

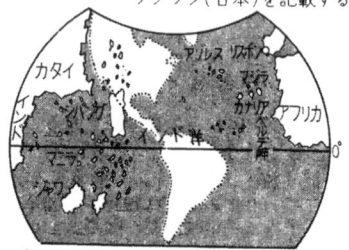

トスカネリの世界地図　1474年
プトレマイオスの地図が基礎
南北アメリカ・オーストラリア不明

メルカトルの世界地図　1569年（メルカトル図法）
地理上の発見時代の成果を示す。
太平洋沿岸・両極地方は不正確

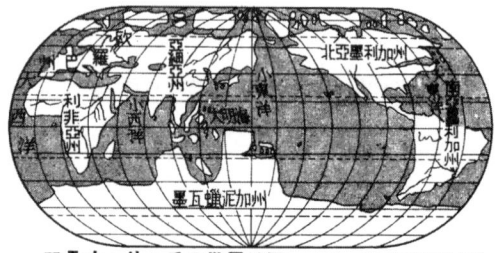

マテオ・リッチの世界地図　1602年（坤輿万国全図）
オルテリウスの世界地図を漢訳
日本の武士階級に影響

(2) 地図の種類と図法

1. 作成法による分類 　実測図……平板・水準・航空写真測量などにより作成 　　例　地形図（2.5万分の1, 5万分の1） 　編纂図……実測図をもとに編集作成 　　例　地勢図（20万分の1）地方図, 大陸図, 世界全図 2. 縮尺による分類 　大縮尺の地図……10万分の1より大きい地図 　中縮尺の地図……10万分の1〜100万分の1 　小縮尺の地図……100万分の1より小さい地図	3. 目的による分類 　一般図……地形図, 地勢図, 地方図, 世界全図 　特殊図……特定の目的をもつ地図, 一般図利用 　観測地図示……海図・気候図・地質図 　統計地図示（統計地図）……分布図, 密度図など 　特定事項図示……交通図, 土地利用図, 宗教分布図など 　　　　　　　　　→トピカルマップ（主題図） 4. 様式による分類 　地図（マップMap）・地図帳（アトラスAtlas）

地図の投影法（図法：Map Projection）

投影法……世界全図・大陸図・地方図の作成. 経緯度の平面上への描出方法──→距離・面積・形・方位のすべてを満足させることは不可能──→ 1つの目的に合わせて投影

投影法の分類

　投　影　面──→平面図法（透視図法）・円錐図法・円筒図法・便宜図法（任意図法）など
　地図の性質──→正角図法・正積図法・方位図法・正距図法など

図法と特色

図　法　名	分　類	図　法　の　特　色	用　途
正射図法 （直射図法）	透視・方位	視点無限大. 中心部正. 周辺部は面積・形・距離縮小. 中心より方位は正, 同心円状の緯線上は正距離.	半　球　図 天　体　図
平射図法 （ステレオ図法）	透視・方位・正角	視点地表面. 中心部正. 周辺部は面積・距離拡大. 経線と緯線は直交し正角. 地球上の円は図上でも円.	半球図, 極図, 高緯度図
心射図法 （大圏図法）	透視・方位	視点地球の中心. 中心部正. 周辺部著しく拡大（45°以上では実用不可）. 図上任意の2点を結ぶ直線は2点間の大圏コース（最短経路）を示す. 距離は不正確.	航空図, 極図, 方向探知図
メルカトル図法 （正角円筒図法） （航海図法） (1569年メルカトル考案)	円筒・正角	円筒に投影展開. 経・緯線とも平行直線で直交. 緯線間隔は高緯度で拡大（経線方向の拡大率を緯線方向の拡大率と等しくするため）. 高緯度で面積・距離拡大（60°以上で2倍）. 地図上の2点を結ぶ直線は等角コース（航路）を示す. 等角コースと経線のなす角（舵角）が進行方向を示す. 大圏コースは曲線となる.	世界全図 海　　図
横メルカトル図法	円筒・正角	任意の経線に接する円筒に投影. 中央経線部はひずみ少. 国際横メルカトル図法（UTM）は経度6°ごとの中央経線を中心に3°ずつ投影.	大縮尺地図 新式地形図 (昭和30年図式)
サンソン図法 （サンソン・フラムスチード図法） （正弦曲線図法）	正積・擬円筒（断裂）	中央経線と赤道比1:2. 緯線は等間隔・平行直線・実長比例. 経線は中央経線を除いて正弦曲線. 高緯度地方・周辺部のひずみ大. 1650年サンソン地図帳に使用. 1729年フラムスチード天文図に使用.	世界全図 低緯度図

大圏（大円）コース：地球上の2点間の最短経路. その2点と地球中心とを含む面で地球を切った切口に相当する.
等角コース：地球上の1点から他の地点に行くのに, 経線とある一定の角で交わるコース.
UTM図法（Universal Transversal Mercator's Projection）：日本付近の経度帯中心　129°, 135°, 141°, 147°

図法	分類	特徴	用途
モルワイデ図法 （ホモログラフ図法） (1805年モルワイデ考案)	正距・擬円筒 （断裂）	中央経線と赤道比1：2．緯線は平行直線で間隔は高緯度ほど狭い．経線は楕円曲線（中央経線は直線，90°の経線は円弧）．中緯度（40°付近）はひずみ最も小．高緯度地方はサンソン図法よりややよい．	世界全図 （気候図・植生図）
グード図法 （ホモロサイン図法） (1805年モルワイデ考案)	正積・合成 （断裂）	緯度40°44′11.8″より高緯度はモルワイデ図法，低緯度はサンソン図法を用いて合成．全体的にひずみが少．接合点で経線がくびれる．大洋部で断裂し，大陸の形を修正する．	世界全図 （分布図・密度図）
単円錐図法 （トレミー図法）	円錐	視点球心．円錐に投影展開．経線は放射状直線．緯線は等間隔の同心円．標準緯線と全経線上で正距．	地方図 中緯度図
多円錐図法	円錐	各緯線に接する多数の円錐に投影展開．中央経線上付近正確．一定間隔の経線を中央経線→地球儀原図	大陸図 地球儀作成
ボンヌ図法 (1752年ボンヌ考案)	円錐・正積	単円錐図法を改変．緯線は等間隔の同心円，経線は中央経線を除いて曲線．経線・緯線とも実長に比例 → 正積． 周辺部においてひずみ大．	大陸図 地方図
ミラー図法 (1942年ミラー考案)	円筒	メルカトル図法より緯度間隔の拡大率小 → 高緯度の面積拡大，形のゆがみメルカトル図法より小．（正角でない）	世界全図
正距方位図法 （等割方位図法）	方位・正距	図の中心と任意の点とを結ぶ2点間の正方位，最短経路，正距離を示す．周辺部で形がゆがむ．	航空図 国連マーク
ランベルト正積方位図法 (1772年ランベルト考案)	方位・正積	正積になるように緯線間隔調節．図の中心と任意の点とを結ぶ線は2点間の正方位，最短経路．（正距でない）	半球図・極圏図
エトイフ図法 (1889年エトイフ考案)	便宜	横軸（赤道）の正距方位図法を赤道方向に2倍に拡大（エトイフの変換）．輪郭は楕円．（正積ではない） 外縁部の角の歪みはモルワイデ図法より小．	世界全図
ハンマー図法 （ハンメル図法） (1892年ハンマー考案)	便宜・正積	横軸のランベルト図法を赤道方向に2倍に拡大．輪郭は楕円．長軸と短軸の比2：1．（正積）	世界全図
エッケルト図法 (1906年エッケルト考案)	便宜・正積	極は赤道の1/2の直線．緯線は平行直線，間隔高緯度ほど狭い．経線は正弦（または楕円）曲線．（正積）	世界全図
ウィンケル図法 (1913年ウィンケル考案)	合成	エトイフ図法と矩形図法の合成．極は赤道の1/2よりやや長い直線．（正積・正距・正確のいずれでもない）	世界全図
アトランチス図法	正積	モルワイデ図法の改変．長軸に30°W・150°Eの経線長軸と短軸の比2：1．（正積）	世界全図
アルマジロ図法	便宜	図法の理論不完全．各大陸の形と相互の位置を明示．	世界全図
多面体図法	多面体	経度差・緯度差1°以内の小地域の地図作成用．2組の経緯線で区切られる地域を台形（平面）とみなし，地球中心より投影．（正積・正角・正形）	大縮尺図 従来の地形図

方位角：地球上におけるA点から見たB点の方位角とは，A点を通る経線と，A・B両点を通る大円とがなす角をいう．

方位図方法では，図の中心から各地点に対する方位角が図上で正しく得られる．

II 地図

グード図法
断裂モルワイデ図法
断裂サンソン図法
断裂モルワイデ図法

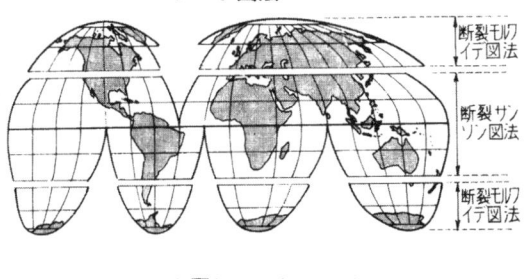

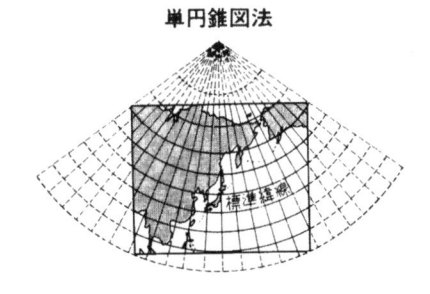

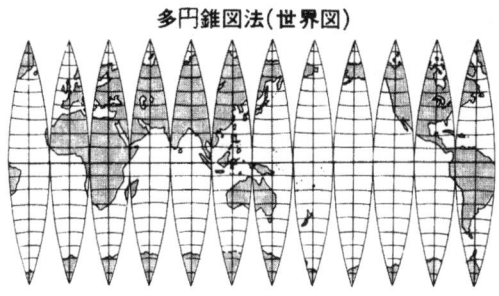

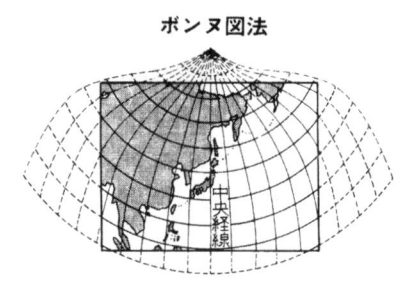

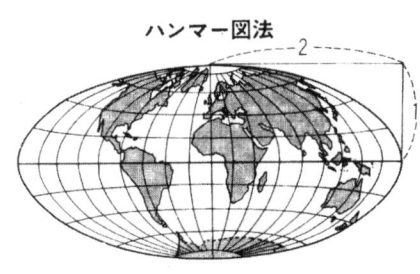

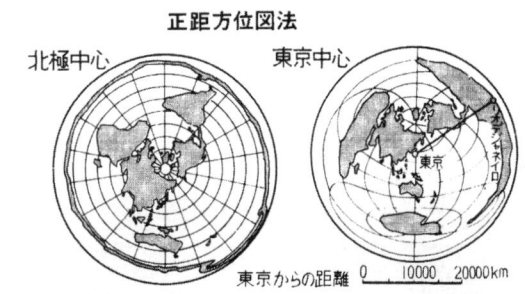

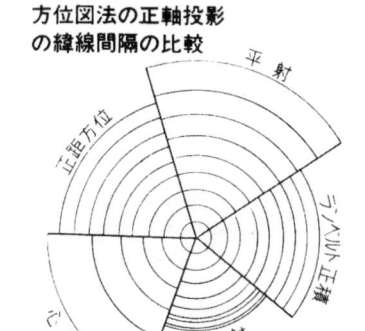

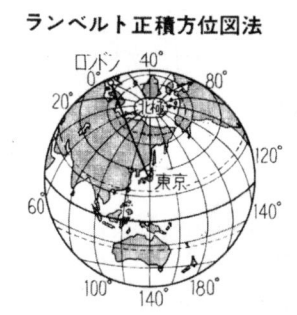

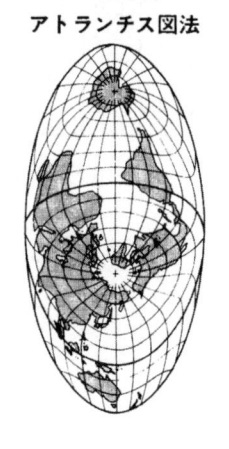

単円錐図法
標準緯線

多円錐図法（世界図）

ボンヌ図法
中央経線

エッケルト図法

ハンマー図法

アルマジロ図法

正距方位図法
北極中心　　東京中心
東京
東京からの距離　0　10000　20000km

方位図法の正軸投影の緯線間隔の比較
平射
正距方位
ランベルト正積
正射
心射

ランベルト正積方位図法
ロンドン　40°
20°　　80°
北極
　　　120°
東京
60°　　140°
100°　140°　180°

アトランチス図法

透視図法

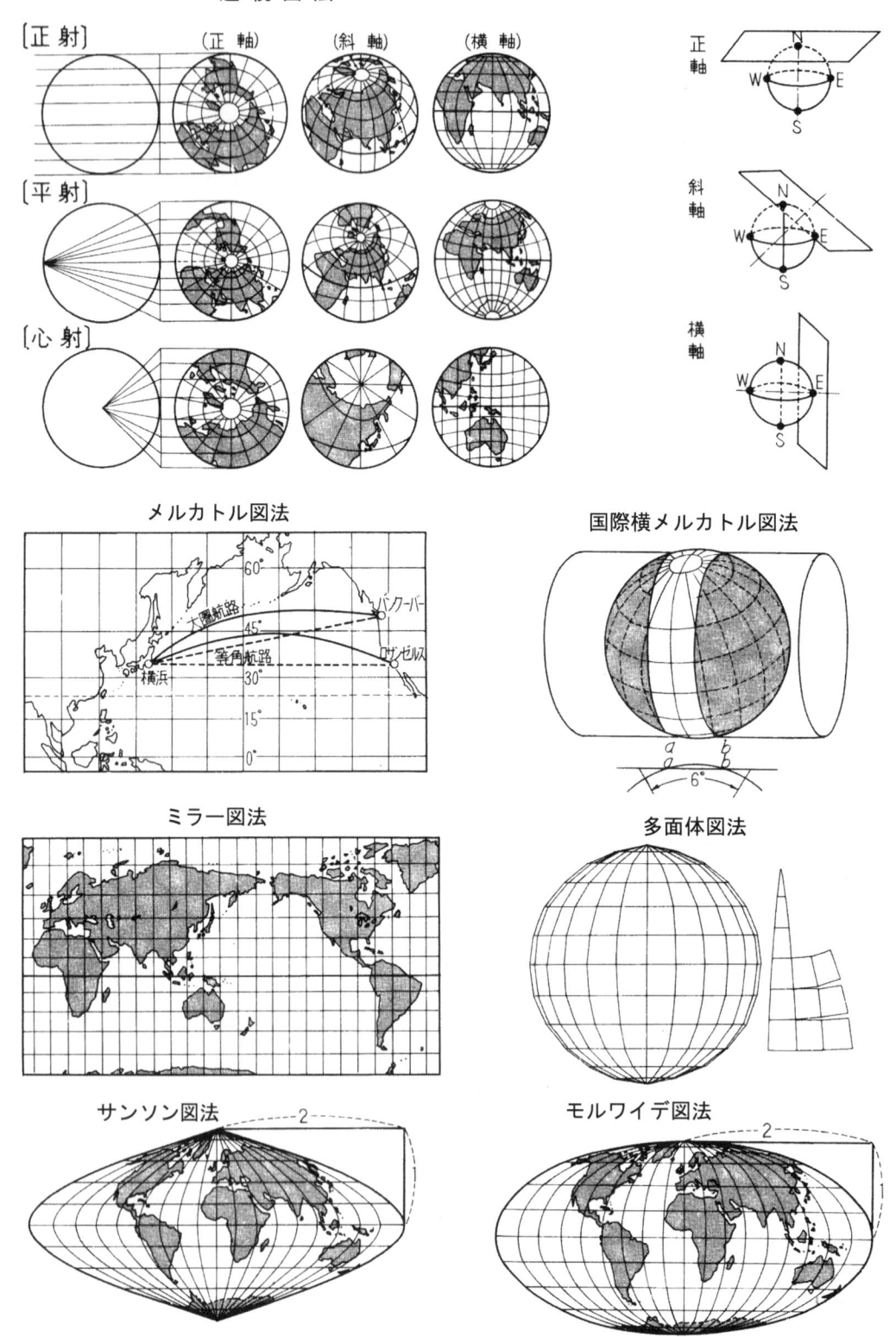

[正射] （正軸）（斜軸）（横軸）

[平射]

[心射]

正軸

斜軸

横軸

メルカトル図法

国際横メルカトル図法

ミラー図法

多面体図法

サンソン図法

モルワイデ図法

測量法の改正に伴う経度・緯度の変更

平成14年4月1日から「測量法」の改正に伴って，測量の基準が「日本測地系」から「世界測地系」に改正され，日本列島の経度・緯度が新しくなった。

日本測地系とは……これまでの経度・緯度を求める際の測量の基準として日本国内だけの測量で使われてきたもの。

世界測地系とは……新しい経度・緯度を決める際の測量の基準として世界的に統一されたもの。

変更の理由

近年，人工衛星・宇宙技術・測量技術の発達などで，地球の中心や大きさが正確に測れるようになった。そのため世界的な統一基準が設けられた。

「世界測地系」による計測で，地球の直径が赤道上で1,480 mほど大きいことが明らかになった。

経線・緯線の移動

世界測地系による測量によって，日本の位置は，経線が東京付近で東に約290 m，緯線は南に350 m移動した。このため，日本測地系の緯度・経度は，それぞれ－12秒，＋12秒の補正が必要になった。これは，距離にして約450 mにあたる。しかし，この補正量は，地域によって少しずつ異なる。

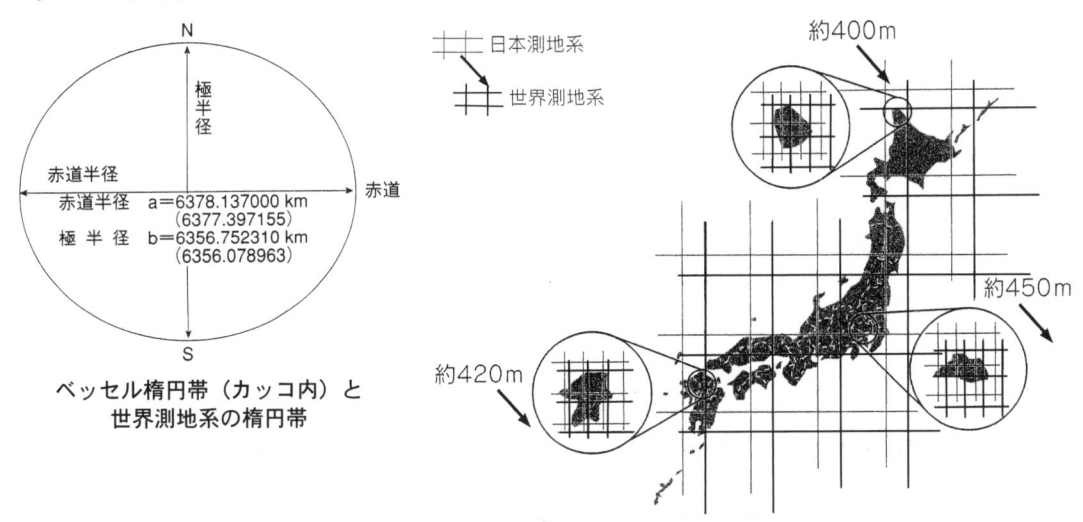

ベッセル楕円体（カッコ内）と世界測地系の楕円体

赤道半径 a＝6378.137000 km
　　　　　（6377.397155）
極 半 径 b＝6356.752310 km
　　　　　（6356.078963）

経 緯 度

回転楕円体の地軸が回転楕円面と交わる点を北極および南極という。地軸を含む数枚の平面（子午面）が回転楕円と交わる線を子午線（経線）という。地軸の中心に直行する平面（赤道面）と交わる線を赤道，赤道面に平行な無数の平面が回転楕円と交わる線を平行圏緯線という。

経　　度

英国の旧グリニッジ天文台を通る子午線を基準0とする子午面とのなす角を経度という。

地球は24時間で360°回転（1日1回転）する。したがって，1時間は15°の差となる。

緯　　度

緯度は，北極星と水平面のなす角のことである。任意の地点から北極星の高角度を観測すれば，その点の緯度が求められる。

三角点		
名　称	平均辺長	設置点数
1等三角点	45〜25 km	915
2等三角点	8 km	5,034
3等三角点	4 km	31,870
4等三角点	1.5 km	72,005

水準点	
名　称	設置点数
基準水準点	80
1等水準点	13,738
2等水準点	3,119

平成 28 年 4 月現在.

＊基準水準点：水準路線の約 100〜150 km ごとに設置されている．とくに地盤の堅固な場所を選定して水準点が置かれている．

基 準 点　正しい位置を求めた点が各種の基準点である。その骨格になるのが三角点で，三角点は 1 等〜4 等まである。

水 準 点　高さの基準点として水準点がある。水準点にも 1 等，2 等があり，主要な道路に沿って全国に設置されている。

電子基準点　衛星からの電波を連続的に受信する基準点で，全国に約 20 km 間隔で約 1,300 点設置されている。

(3) 地形図と読図

作　製

国土交通省国土地理院（明治 2 年民部省地理司，明治 4 年工務省測量司 …… 三角測量の開始，明治 7 年内務省地理局，明治 17 年陸軍参謀本部地理局 → 測量局，明治 21 年参謀本部陸地測量部，昭和 23 年建設省地理調査所，昭和 35 年建設省国土地理院，平成 13 年国土交通省国土地理院）で作製。全国を 1,259 枚でおおう 5 万分の 1 地形図，4,500 枚でおおう 2.5 万分の 1 地形図，119 面でおおう 20 万分の 1 地勢図，50 万分の 1 地方図，100 万分の 1 国際図，2,500 分の 1, 5,000 分の 1 の国土基本図などが作製される。

図　法：国際横メルカトル図法（UTM 図法）……昭和 30 年図式の地形図から採用した。

縮　尺：縮尺とは，図上距離を地上距離で割ったもの。

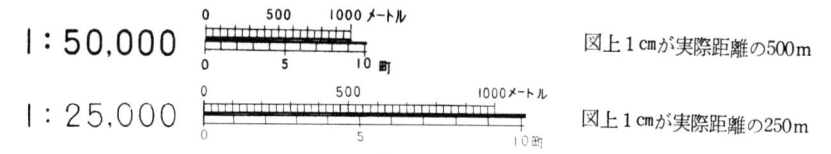

1 : 50,000　　図上 1 cm が実際距離の 500 m

1 : 25,000　　図上 1 cm が実際距離の 250 m

三角測量と水準測量の原点

次の点が三角測量と水準測量の原点となる。

日本経緯度原点 { 東経　139° 44′ 40″.5020
　　　　　　　　　　　　　　　　（東京都港区麻布飯倉 3-18　旧東京天文台子午環の中心点）
　　　　　　　西経　35° 39′ 17″.5148

日本水準原点　東京湾平均海面上 24.4140 m（東京都千代田区永田町 1-1　水準点の水晶板）

図　式

地図描示の約束をいう。社会の進歩にともない，何回にもわたって改訂，増補されている。大正 6 年図式（大正 14 年加除），昭和 30 年図式（昭和 35 年加除），昭和 40 年図式（昭和 42 年改訂）など。さらに，読図効果をより向上させるため 1 色刷から 3 色刷，4 色刷となり，右書きから左書きに変わった。

地形と等高線との関係

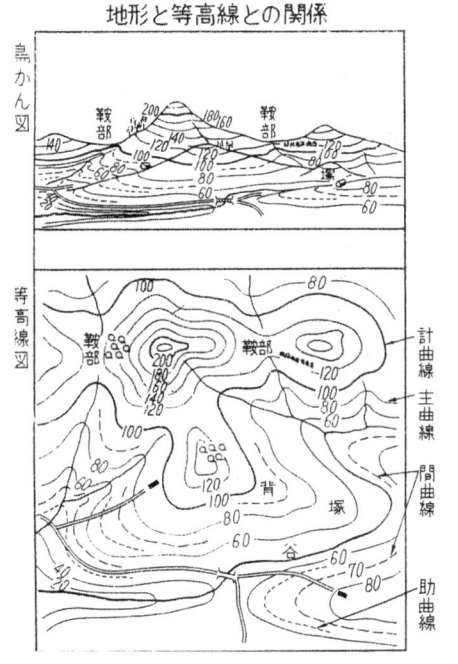

縮　尺	1/50,000	1/25,000	1/10,000	
1図幅の緯度差	10分	5分	2分	〔書き表わし方〕
1図幅の経度差	15分	7.5分	3分	
1 kmの図上での長さ	2 cm	4 cm	10 cm	
等高線の間隔				
計曲線	100 m	50 m	25 m	
主曲線	20 m	10 m	5 m	
補助曲線				
第一次（間曲線）	10 m	5 m	2.5 m	
第二次（間曲線）	5 m	2.5 m	1.25 m	

等高線では表しえない細かい地形，急斜面の地形などの変形地は絵画的な記号で表現する。

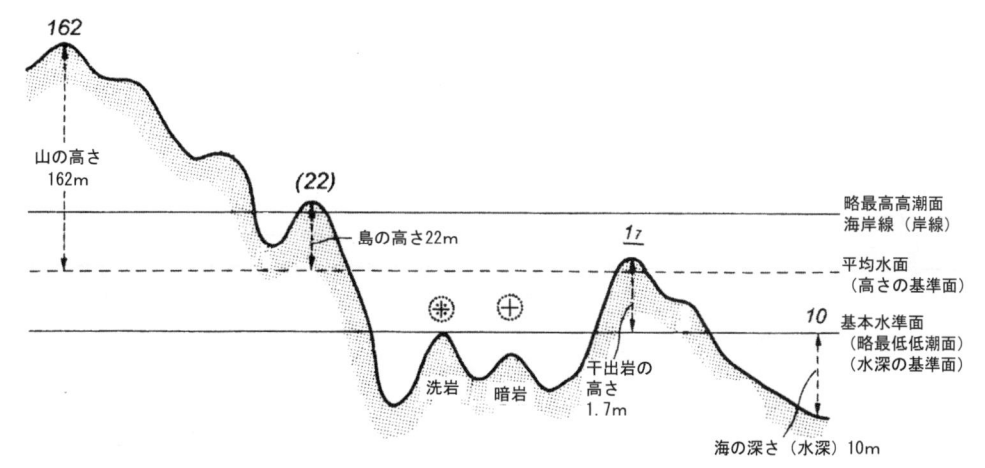

海図における水深と高さの基準面（『海図の読み方』を著者一部改変）
　平均水面（高さの基準面）：地形図の高さの基準．
　基本水準面（水深の基準面）：海図の深さの基準．

(4) 地図記号

水部の地形……川は幅が2m以上のものを示す。

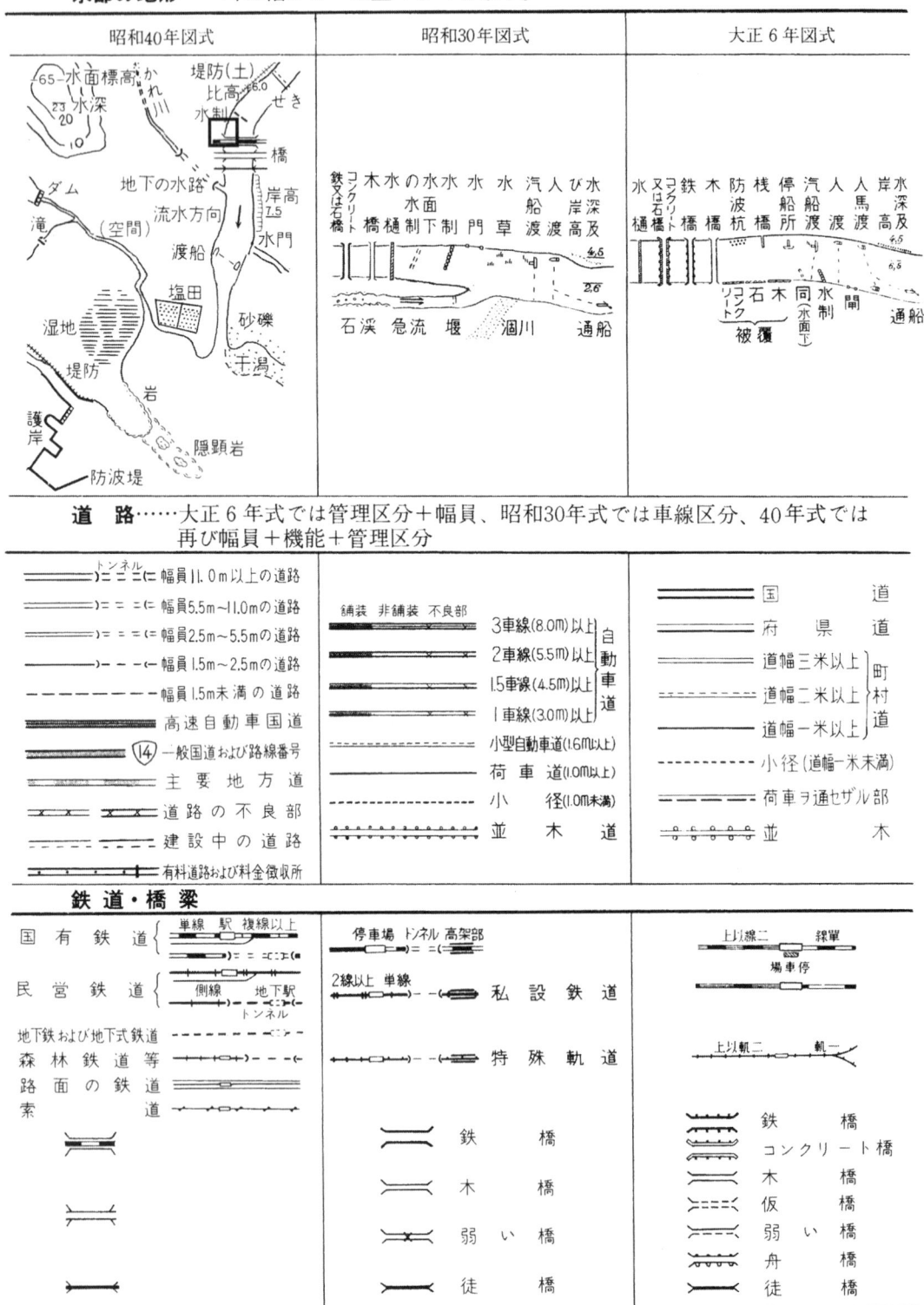

昭和40年図式	昭和30年図式	大正6年図式

道路……大正6年式では管理区分＋幅員、昭和30年式では車線区分、40年式では再び幅員＋機能＋管理区分

鉄道・橋梁

建 造 物

名　　称	昭和40年図式	昭和30年図式	大正6年図式
都道府県庁	注記する（県庁と字で書く）	⊙ 地方事務所及支庁	左　同
市　役　所 東京都の区役所	◎	左　同	左　同
町・村役場 六大都市の区役所	○	左　同	左　同
官　公　署	⚭ （公の図案化）	⚭ 内国公署 ⚭ 外国公署	左　同
裁　判　所	♠ （高札〔立札〕の図案化）	左　同 ♠ 検察庁 ✕ 刑務所及び拘置所（刑務所建物の平面形）	控訴院及裁判所 左　同
税　務　署	◇ （そろばんの一部）	◇ 国税局及び税務署	税務監督局及税務署
営　林　署	✳ （木の象形文字）	✳ 営林局及び営林署	林区署
測　候　所	⍟ （風速計）	⍟ 気象台及び測候所	測候所
警　察　署	⊗ （警棒の交差）	⊗ 警察署 ✕ 駐在所及び派出所	✕ 警察署 左　同
消　防　署	Y （消防用の刺叉）	左　同	左　同
保　健　所	⊕	左　同	左　同
郵　便　局	⊖ （逓信省の頭文字テのマーク）	⊖ 集配 〒 無集配 郵便局	⊖ 郵便電信（電話）ヲ兼ル局 〒 郵便局
電報・電話局	℧ （レシーバーの図案化から電々公社のマーク）	電報局・電話局 電報電話局	─ 電信局 ∨ 電話局
自　衛　隊	戸	戸 陸上 戸 海上 自衛隊 戸 航空	◉ 師団司令部 ◉ 旅団司令部 ☆ 要塞司令部及警備隊司令部 その他軍関係のもの多い
小・中学校 高等学校 大　　学	✕ ⊗ （文の図案化） ✕	文 学　　校 (高)	左　同
病　　院	⊕ （▽は旧陸軍の衛生隊符号 ＋は赤十字章）	左　同	⊕ 病　院 ⊕ 避病院及隔離病舎
工　　場	✾ （歯車）	左　同	製造所
発電所・変電所	✾ （歯車に電鍵をつけた）	✾ 発電所 ✾ 変電所	左　同
神　　社	卍 （鳥居の正面形）	左　同	神　祠
寺　　院	卍 （梵字の万）	左　同 ＋ キリスト教会	仏宇 西教堂 ○ 銀　行

〔小物体〕

高　　塔	⊡ （鉄塔などの平面形）	─ 鳥　居 左　同	左　同 左　同
記　念　碑	⊥ （記念碑の正面形）	⊥ 立　像	左　同
煙　　突	𝄞 （煙突の側面形と煙）	左　同	左　同
電波無線塔	⚡ （電信柱と電波）	無線電信柱	左　同
灯　　台	✺ （光源の平面形と光線）	✺ 燈台 小燈台 航路標識	左　同
風　　車	⚘		
老人ホーム	⚿	図書館 ⌂ 広葉針葉 独立樹	左　同

基　準　点

三角点（三等以上）	△52.6 （三角網の部分）		
水準点（三等以上）	▫21.7 （水準点標石の平面形）	左　同	左　同
標高点 標石のある 標石のない	•349.2 •561		
		⊞ 験潮場	左　同

土地の利用景

名　　称	昭和40年図式	昭和30年図式	大正6年図式
耕　地	田 (稲のくき)	乾田／水田／沼田	左同
	畑	畑又は空地	左同
	果樹園 (りんごなどの形)		左同
	桑　畑 (桑の木)		左同
	茶　畑 (茶の実)		三椏畑 みつまた／しゅろ樹林
未耕地	その他の樹木畑		左同
	広葉樹林		左同
	針葉樹林		左同
	竹林／しの地		左同
	荒　地		左同
		はい松地	左同
牧　　場	(くつわの形)	左同	左同
採　鉱　地	(つるはしの交差)	左同	左同
採　石　地		材料置場	材料貯蓄場
油井・ガス井	(井の字)		
温泉・鉱泉	(湯つぼと湯煙)	左同	左同
飛　行　場	(飛行機の記号化)	左同	左同
重　要　港	(いかりの記号化)	左同	左同
地　方　港		左同	左同
漁　　港		小　港	左同
古城・城跡		古城(跡)	左同
史跡・名勝／天然記念物		陵　墓	山　陵
墓　　地		墓　地	左同　　古戦場(刀の交差)

建　物／建物の密集地／高層建築街／温室・畜舎タンク等／立体交差／平面交差／墓　地／樹木のあるもの／樹木のない庭園等

(8) 境　界

	昭和40年図式	昭和30年図式
		++++++++ 外　国
都・府・県　界	―・―・―	
北海道の支庁界	―――	左同
都・市界，東京都の区界	―――	
町・村界，六大都市の区界	―――	
		――― 国　界
植生等の地区界	―――	――― 地類界

Ⅲ 大地形と小地形

(1) 地形の成因と種類

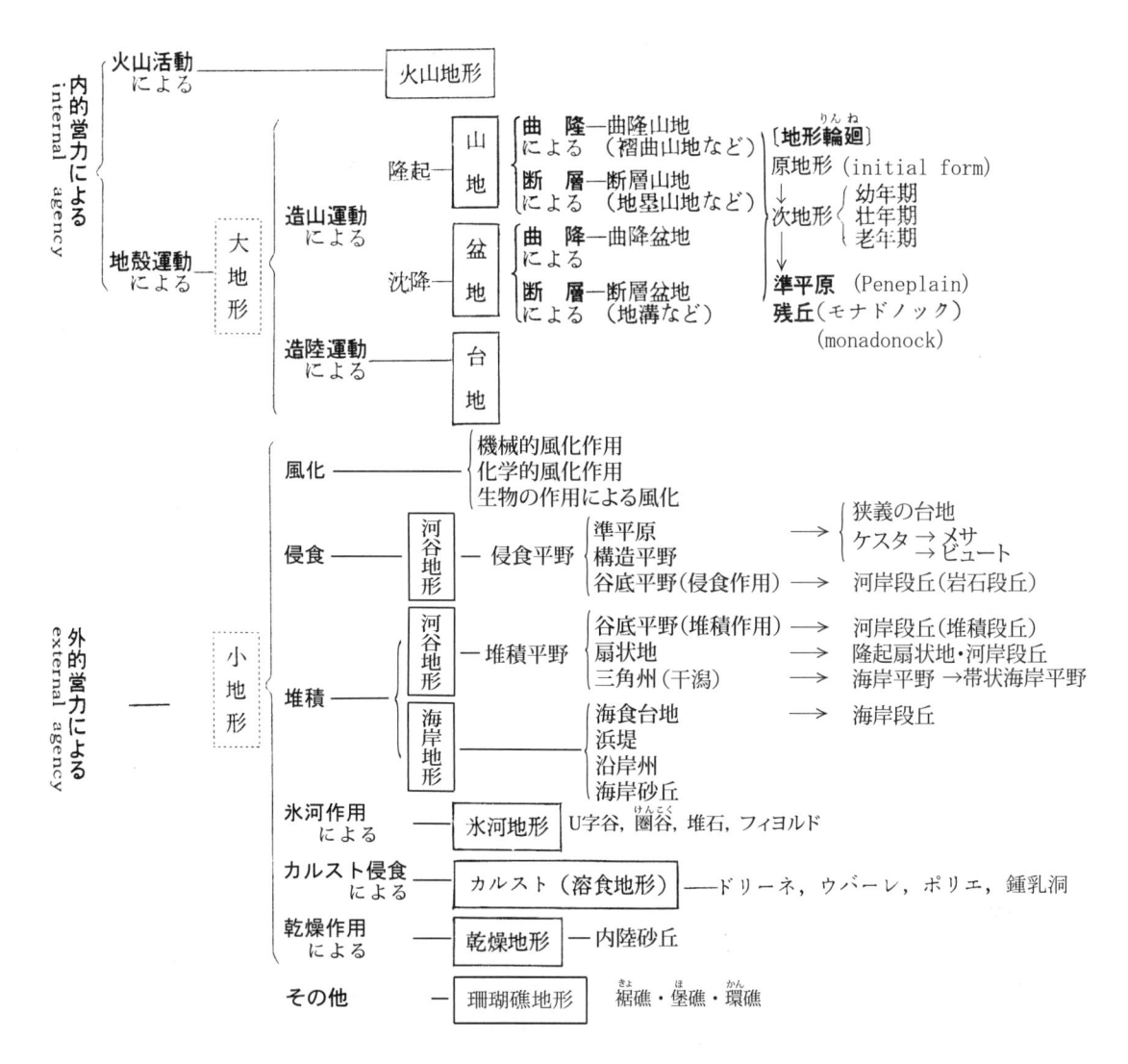

```
                    ┌ 火山活動 ──────────── 火山地形
                    │ による
内的営力による       │                        ┌ 山地 ┬ 隆起 ┬ 曲 隆─曲隆山地       〔地形輪廻〕
internal agency     │                        │      │      │ による (褶曲山地など)    原地形 (initial form)
                    │ 地殻運動 ┬ 造山運動 ──┤      │      │                               ↓         ┌ 幼年期
                    │ による   │ による     │      │      └ 断 層─断層山地         次地形 ┤ 壮年期
                    └          │            │      │        による (地塁山地など)            └ 老年期
                               │            │      │
                               │         大地形    ├ 盆地 ┬ 沈降 ┬ 曲 隆─曲降盆地   準平原 (Peneplain)
                               │                   │      │      │ による
                               │                   │      │      └ 断 層─断層盆地   残丘 (モナドノック)
                               │                   │      │        による (地溝など)        (monadonock)
                               └ 造陸運動 ──────── 台地

                    ┌ 風化 ┬ 機械的風化作用
                    │      ├ 化学的風化作用
                    │      └ 生物の作用による風化
                    │
                    │ 侵食 ┬ 河谷 ┬ 侵食平野 ┬ 準平原                    ┌ 狭義の台地
                    │      │ 地形 │          │ 構造平野       ─────→   │ ケスタ → メサ
                    │      │      │          │                           │              → ビュート
                    │      │      │          └ 谷底平野(侵食作用)  ───→ 河岸段丘(岩石段丘)
                    │      │      │
                    │      │ 河谷 │ 堆積平野 ┬ 谷底平野(堆積作用)  ───→ 河岸段丘(堆積段丘)
外的営力による  小地形  堆積 │ 地形 │          ├ 扇状地             ─────→ 隆起扇状地・河岸段丘
external agency     │      │      │          └ 三角州(干潟)        ─────→ 海岸平野 →帯状海岸平野
                    │      │      │
                    │      │ 海岸 │          ┌ 海食台地          ──────→ 海岸段丘
                    │      │ 地形 │          ├ 浜堤
                    │      │      │          ├ 沿岸州
                    │      │      │          └ 海岸砂丘
                    │
                    │ 氷河作用 ─── 氷河地形 ── U字谷,圏谷,堆石,フィヨルド
                    │ による
                    │ カルスト侵食 ─── カルスト(溶食地形) ── ドリーネ,ウバーレ,ポリエ,鍾乳洞
                    │ による
                    │ 乾燥作用 ─── 乾燥地形 ── 内陸砂丘
                    │ による
                    └ その他 ─── 珊瑚礁地形 ┬ 裾礁・堡礁・環礁
```

＊造山運動……地殻運動のひとつで，狭い地域にみられる褶曲山脈，地塊山地など複雑な変位・変形等急激な変化をもたらす運動を造山運動という。地球上の大山脈の大部分は，この曲動・断層によって形成されたものである。造山運動は，各地質時代に発生し，地域的にみるとそれぞれ異なった変化・変形がみられる。カレドニア山脈，バリスカン・アルモリカン系山脈，ヒマラヤ・アルプス山脈などがあげられる。

＊造陸運動……地表面を長期間にわたって広範囲に変動させる隆起・沈降などの地殻変動のひとつである。造陸運動は，大陸をつくる運動といわれているが，地域によって，研究者によってさまざまな説があり，造山運動か造陸運動かどちらに含まれるか区別するのが難しい場合がある。

風化作用 (Weathering)：温度変化，生物，水，大気などの作用によって岩石が破壊され，砕屑物となる現象を風化作用という。風化作用はそれを促す原因によって機械的風化作用（物理的風化作用），か化学的風化作用，生物の作用による風化に分けられる。

自然地域名称（文部科学省，国土交通省国土地理院で「地名の呼び方」という観点から次のように定めた）

山　脈	とくに顕著な脈状をなす山地をいう（英語の range, chain，ドイツ語の kettengebrige）． 　　例：飛騨山脈，奥羽山脈，讃岐山脈
山　地	地殻の突起部をいい，総括的な意味をもつものとする（英語の mountains にあたる）． 　　例：紀伊山地，筑紫山地
高　地	起伏が小さい．一般に台地や丘陵よりも標高は高く，谷の発達はよい． 　　例：北上高地，阿武隈高地，丹波高地など．
高　原	平坦な表面をもち，比較的小起状で，谷の発達があまり顕著でない山地をいう．例：吉備高原
丘　陵	小起状の低山性の山地をいう（200～300m程度までを考えるが，多少はずれても，これまで丘陵と呼ばれていたものは，そのまま呼ぶことも多い）．例：多摩丘陵
台　地	平野および盆地のうち，一段と高い台状の地域をいう．（必ずしも地形等が規定している地下構造が水平層の塁層からなっていなくてもよい）．例：武蔵野台地，牧ノ原台地，下総台地
平　野	海に臨む平地に対して用いるものとする．例：関東平野，仙台平野，濃美平野
盆　地	周囲を山に囲まれた平地に対して用いるものとする．例：甲府盆地，伊那盆地，会津盆地
半　島	陸地における水平肢節の突出部をいう．例：伊豆半島，能登半島
諸　島 列　島	2つ以上の渡島の集団をいい，列状をなすものをとくに列島という（これまで群島，叢島と呼ばれていたものも諸島で統一された）． 　　例：伊豆諸島，大隅諸島，五島列島，千島列島

(2) 地形の輪廻 (Cycle of erosion)

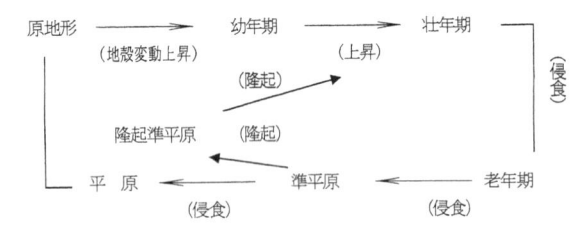

原地形　→　幼年期　→　壮年期
（地殻変動上昇）　（上昇）
　　　　　　　（隆起）　　　　　（侵食）
隆起準平原　（隆起）
　　　　　　　　　　　←　　　　　　　←
平　原　　　（侵食）準平原　（侵食）老年期

内的営力によってできた原地形が，外的営力によって変化する過程を示したものであるが，現実には内的営力と外的営力が現地形に別々に作用するものではない。むしろ，強弱の差が原地形に影響を与える。

谷の輪廻

内的営力によって上昇した河川は，下方侵食を行う。その結果，谷はV字谷の形態を示す。これが幼年期の谷である。さらに侵食が進み地下水面まで侵食すると，側方侵食が行われ，谷はやや鍋状になる。谷底部には低地（平坦地）ができる。これを壮年期の谷と呼ぶ。側方侵食がさらに進むと，谷は川幅が広くなり，谷は皿状になり，谷底平野ができる。これを老年期の谷と呼ぶ。谷底平野を流れる河川は蛇行し，種々の地形をつくりだす。老年期の谷が再び地盤隆起を起こすと，皿状の谷底平野の中に幼年期の谷が出現する。このように巡廻する現象を谷の輪廻という。

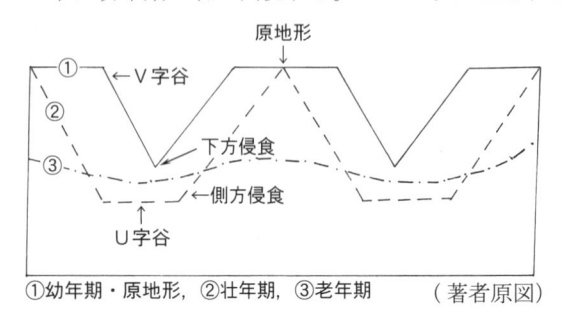

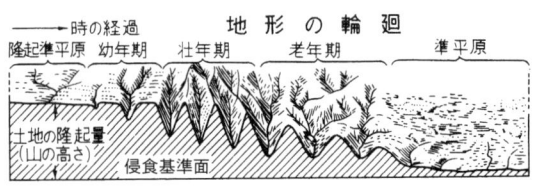

①幼年期・原地形，②壮年期，③老年期　　　（著者原図）

(3) 世界の大地形

絶対年数（×100万年前）

| 509 | 505 | 438 | 408 | 360 | 286 | 248 | 213 | 144 | 65 | 54.9 | 38.0 | 24.6 | 5.1 | 2.0 | 0.01 |

地質時代	先カンブリア代	古生代							中生代			新生代						
		旧古生代		新古生代							第三紀					第四紀	
		カンブリア紀	オルドビス紀	シルル紀	デボン紀	石炭紀	二畳紀	三畳紀	ジュラ紀	白亜紀	古第三紀			新第三紀		更新世（洪積世）	完新世（沖積世）
											暁新世	始新世	漸新世	中新世	鮮新世		

	安定陸塊（楯状地）（古大陸塊）（アルテーデン）	古期造山帯（古期褶曲山地）（パレオインデ）	新期造山帯（新期褶曲山地）（メソインデ）
名称			
一般的特徴	始生代・原生代に激しい地殻の変動によってできた地塊．古生代以降は安定地域として現存．大陸の骨格部分に当たり，大平原が存在．	古生代・中生代に激しい造山運動を受けて固結した地塊．第三紀に断裂して断層運動を受ける．	第三紀以後の激しい造山運動により高峻な大山脈となる．地震・火山活動が活発．大陸の縁辺に列島をなしている．
地形の特徴	広範囲に緩やかな起伏の高原，台地．中央部が低い楯状地 高度1,000 m以下 ケスタ，準平原	多種多様な地形であるが，概して山頂が平坦な山地，断層による地塁山地・地溝盆地が多い	造山帯の帯状山脈・低地帯・高原・盆地・海溝をもつ 山地は3,000～5,000 m以上の高峻山地
分布地域	1. 大平原となっているもの ①ハドソン湾岸低地（ローレンシア楯状地） ②バルト平原（楯状地）ロシア大平原（卓状地） ③西シベリア平原（アンガラランド楯状地） ④中国東部（シナ陸塊） ⑤アマゾン盆地・大鑽井盆地（ゴンドワナランド） 2. 大高原となっているものラブラドル高原・スカンジナビア半島・（楯状地）・中央シベリア台地 ギアナ高地・ブラジル高原・アフリカ大陸・アラビア半島・デカン高原・オーストラリア大陸……（ゴンドワナランド）シナ大陸・セリンジアン（タリム盆地）	㋑アパラチア山脈 ㋺カレドニア系（古生代中期）スコットランド高地，スカンジナビア山地 ㋩ヘルシニア系（古生代末期）〔アルモリガン系〕アイルランド東南部・コーンワル半島・ブルターニュ半島・フランス中央高地 〔バリスカン系〕ジュラ・ボージュチューリンゲン森・ボヘミア森・エルツ・スデート山脈 ㊁ウラル山脈 ㋭アルタイ系パミール高原・クンルン・チンリン・テンシャン・アルタイ・サヤン・ヤブノロイ・シンアンリン・スタノボイ・ベルホヤンスク・アナジリ山脈 ㋬ドラケンスバーグ山脈 ㋣オーストラリアアルプス	ⓐアルプス造山帯 〔北側：アルピデン〕シェラネバダ（スペイン）・ピレネー・アルプス・カルパート・カフカス 〔南側：ディナリデン〕アトラス・ジナルアルプス・アペニン・ピンドス・タウルス 〔アジア〕エルブールズ・ヒマラヤ・カラコルム・ヒンズークシ・インドシナ山脈 〔その他〕ハンガリー盆地・黒海・イラン高原・チベット高原 ⓑ環太平洋造山帯日本列島・千島列島・カムチャツカ半島・アリューシャン列島・フィリピン諸島・スンダ列島・ロッキー山脈・シェラネバダ山脈・シェラマドレ山脈・アンデス山脈・南極大陸
人文上の影響	世界の大平原のほとんどがこの陸塊上にあり，温帯地域では大放牧業地域となっている．商工業も発展，大陸によっては金・ダイヤモンドなどが産出する．	起伏が比較的少なく，断層による凹地が峠に利用されて交通障害が緩和されている．石炭・鉄鉱石などの地下資源はこの陸塊に豊富である．	造山運動が激しく，高峻な山脈の両側では気候の相違・変化が多く，また交通障害が自然国境の役割をなしたり，異なった文化圏の境となっている．石油・銅・硫黄鉱が多く産出されている．

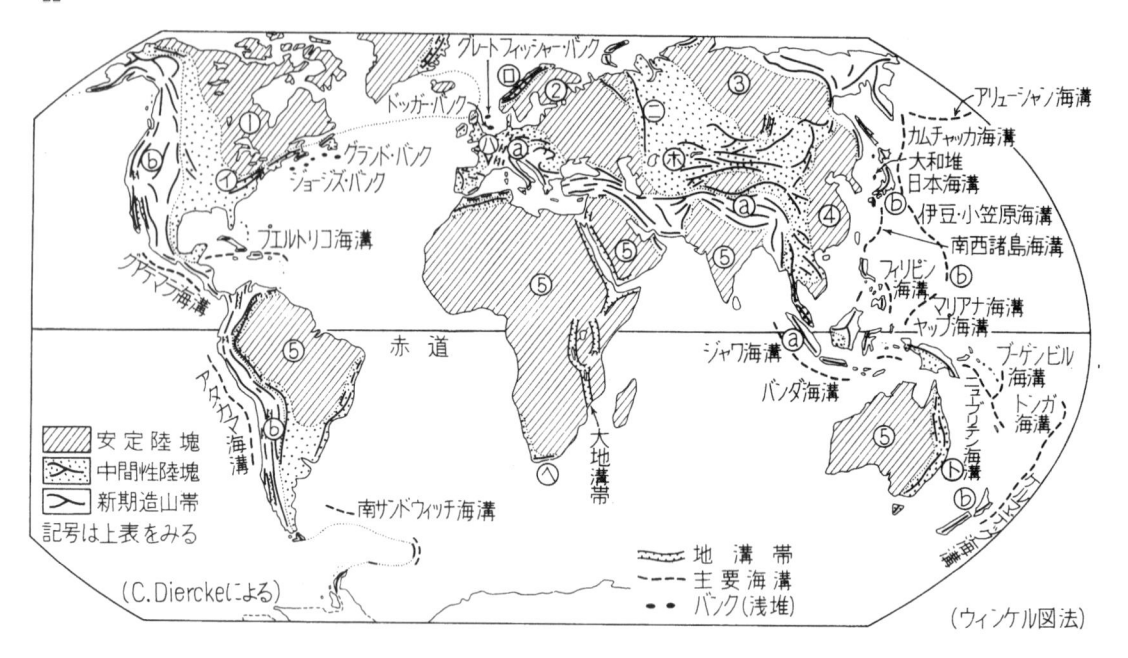

(4) 小地形

①山地の地形

(a) **褶曲山地**……圧力によって褶曲した地質構造を有する山地。

　　　　⟶古期褶曲山地（ウラル山脈, アパラチア山脈など）⟶新期褶曲山地（ヒマラヤ山脈, アルプス山脈など）

(b) **断層山地（地塊山地）**……断層運動によって形成された山地（地塁, 傾動地塊）。

　地　塁（Horst）……両側が断層崖によって形成された階段状の高所で, 断層運動によって幅が狭く長くのびた山地。

　　　　⟶木曽山脈, 石鎚山脈, 生駒山地, 笠置山地, 比良山地, 鈴鹿山脈, 伊吹山地, 六甲山地など, 近畿地方に多い。テンシャン（天山）, アルタイ, シャンシー（山西）。

　傾動地塊（Tilted block）……山地の一方が断層によって上がり（下がり）他方が緩傾斜をなす山地。

　　　　⟶飛驒山脈, 足尾山地, シェラネバダ（アメリカ合衆国）

　地　溝（Graben；盆地）……両側に平行した断層が生じ, その間にはさまれた低地。

　　　　⟶伊那盆地, 近畿地方の諸盆地（奈良）, 邑知潟

　地溝帯（Rift Valley）……ほぼ平行する正断層によって形成された帯状の凹帯。

　　　　⟶フォッサマグナ（地溝帯）, 東アフリカ大地溝帯（タンガニーカ湖, ニアサ湖）, ライン地溝帯。

　断層盆地……一方が断層崖で, 他方が傾動地塊の斜面によって限られている低地。

　　　　⟶六日町盆地, 亀岡盆地, 生駒川の河谷地

　断層崖（fault scarp）……断層によって相対的に高くなった部分と低くなった部分との間の急崖。

　　　　⟶養老山地の東側, 赤石山脈の東側（甲府盆地に臨む断層崖）

　三角末端面……二つの谷にはさまれた断層崖面で, 断面が山頂を頂点とした三角形状になっている壁面。

〔木曽・赤石両山脈と伊那谷の構造〕

〔傾動地塊〕　〔断層面の浸食過程〕

(c) 断層の種類

正断層……水平だった地域が伸張力などによって水平状態が崩れ，相対的に地域の一部がずり落ちた形状のもの。

逆断層……水平だった地域が圧縮力によって相対的に地域の一部がずり上がった形状のもの。

横ずれ断層……水平かそれに近い状態であった地域が走向移動により，地域の一部が左右にずれた状態になったもの。横ずれ断層には「右横ずれ断層」と「左横ずれ断層」がある。

②台地の地形
(a)洪積台地
　新生代第四紀更新世（洪積世100万～1万年前）の堆積平野で，地盤の隆起と離水により形成された台地で，隆起三角州（開析三角州・隆起扇状地），河岸段丘，海岸段丘などがみられる。この台地は乏水地で，台地の大部分は山林や畑地として利用されてきた。日本では一応，ローム層が時代区分の指標となっている。欧米では氷河時代を洪積世と沖積世に分けている。

　　洪積台地 ──── 隆起三角州（隆起扇状地）
　　　　　　　　　（開析）
　　　　　　──→武蔵野台地……ローム層，牧の原，磐田原，三方原の台地

(b)谷底平野
　河川の側方侵食の結果，谷底が広がり谷底平野になったものと，老年期の谷の谷底に土砂が堆積して形成された埋積谷などがある。両谷底平野とも畑地に利用されている所が多い。

③平地（平野）の地形
(a)**侵食平野**……河川，降雨，風などの侵食により土地が削られてできた平野。
　　構造平野……古い地層時代に堆積した地層が，侵食により地表面の起伏の少ないほぼ水平の状態となった比較的平坦な平野。激しい地盤運動を受けておらず，地表・地下構造とも水平に近い。日本のような造山運動の盛んであった地域にはみられない。
　　　　──→ロシア平原，西シベリア平原，北アメリカの中央平原，アマゾン低地，パンパ，オーストラリア中央部平野。
　　ケスタ（Cuesta）……硬軟両層が互層をなす場合，その侵食差から軟層部が侵食されて緩斜面と急斜面が交互に続く地形。
　　　　──→ロンドン盆地，パリ盆地，五大湖付近（オンタリオ湖，エリー湖はケスタ間の低地にたたえられた湖，ナイアガラ滝はケスタ崖）

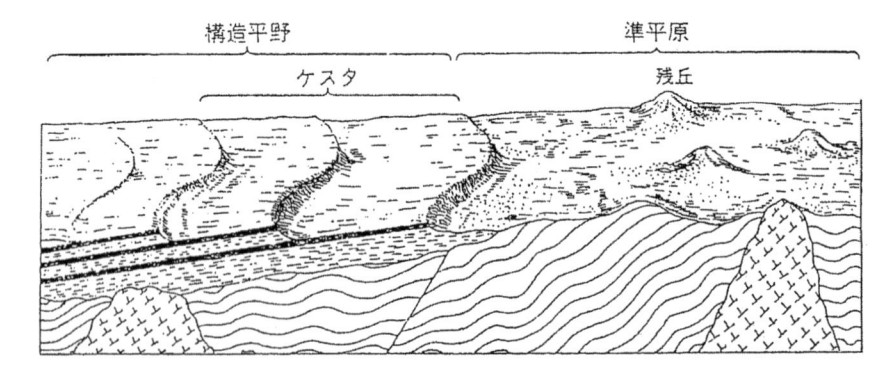

　　ホッグバック（Hogbacks；豚背）……ケスタより地層の傾斜が急になり，丘陵の傾斜が対照的に近いもの。傾斜が30°を越える急斜面になると地形的にはホッグバックとなる。
　　　　──→ロッキー山脈南部のフロント山脈，中国・南京東方のツーチン（紫金）山。
　　準平原（peneplain）……長い間の侵食作用によってやや平坦化された平原で，硬い部分が残された残丘（モナドノック；monadonock）がみられる。地域によっては，農牧業が行われ

ている。
　　　　　──→ローレンシア台地，シベリア台地，楽浪平原（平壌付近）
　隆起準平原──→北上高地，阿武隈高地，美濃三河高原，中国山地
　残丘（モナドノック）──→モナドノック山（アメリカ合衆国ニューハンプシャー州南部），早池
　　　峰山（北上高地），大滝根山（阿武隈高地）
(b)**堆積平野**……河川などが運んだ堆積物が積もってできた平野。沖積平野（完新世），海岸平野，
　　　谷底平野，湖底平野，洪積台地（更新世）等に分類される。
　三角州（delta）……上流から運ばれた砂礫・泥土質土壌が河口付近の海・湖に堆積してできた
　　　平地（水生植物など水流を弱めるものにより堆積）。地下水面は浅く，地下水のpHは，
　　　塩分が混入する場所はアルカリ性，塩分の少ない場所は酸性を示すことが多い。三角州
　　　の平面形がギリシア文字のΔ（デルタ）に似ていることから，デルタとも呼ばれる。
　　　（ナイルデルタ，ミシシッピデルタ，チベルデルタ）

三角州の平面形
態による分類
（河川と砂泥土
の運搬力，波力，
風力，沿岸流，
海底地形などに
よる）
　　　⎰鳥趾状三角州……おもに海底の傾斜が緩やかな地点で，上流から運搬された砂，
　　　　　　泥が沿岸流の影響によって鳥趾状に形成された地形。
　　　　　　　（ミシシッピ川先端，ニジェール川，利根川下流）
　　　　円弧状三角州……海岸線が上流から運搬された砂泥土によって埋められた上に河
　　　　　　川の先端部が波・風・沿岸流などの影響で円弧状になった地形。
　　　　　　　（ナイル川，ボルガ川，岩木川，小櫃川）
　　　⎱カスプ（尖状）三角州…上流から運搬された多量の砂泥土が沿岸流によって河
　　　　　　口付近の海に突出するように堆積し，海岸線が内側に湾曲し
　　　　　　た状態になった地形。
　　　　　　　（チベル川，ポー川，安倍川）

（著者原図）
（p.29 参照）

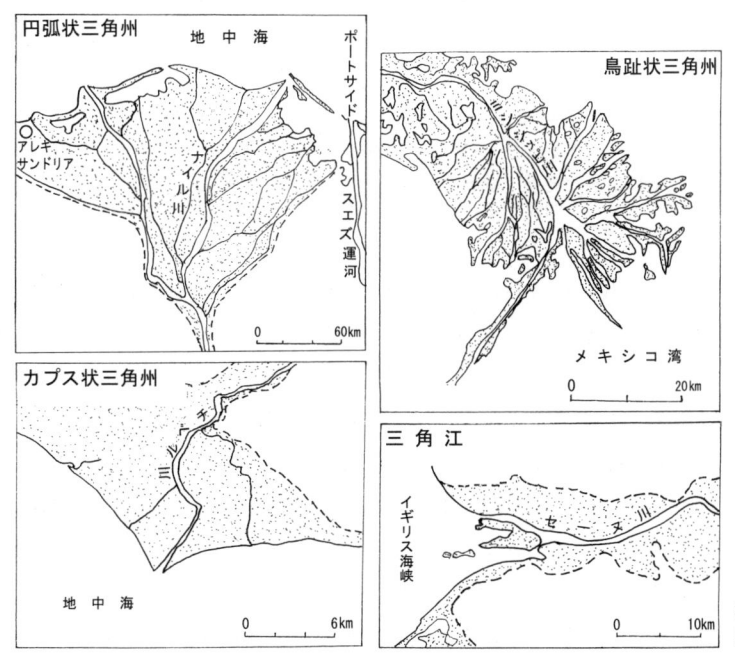

三角州上にみられる小地形
- 蛇行（メアンダー；meander）……自由蛇行（石狩川下流），嵌入蛇行（川が山地に食い込んで両岸に対照的な谷をつくる）。（四万十川，大井川）
- 河跡湖（三日月湖；oxbow lake）……河道が移動した際に取り残され，池や湖になった旧河道。（石狩川，阿賀野川） 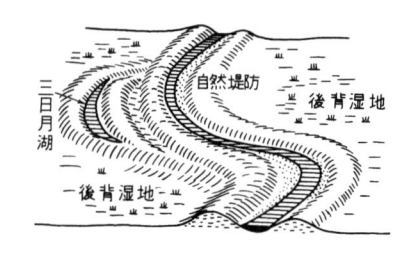
- 天井川（ceiling river）……川底の砂礫の堆積が激しく，周囲の地面より高くなった河川。（近江盆地の野州川，日野川，神戸市近郊の小河川，中国の黄河）
- 自然堤防（natural levee）……洪水時に河川の両側に土砂を堆積して生じた堤防状の微高地。
- 氾濫原（flood plains）……河川の下流が氾濫して土砂が堆積する平野。
- 後背湿地（バックマーシュ：back marsh）……自然堤防の背後にある湿地。

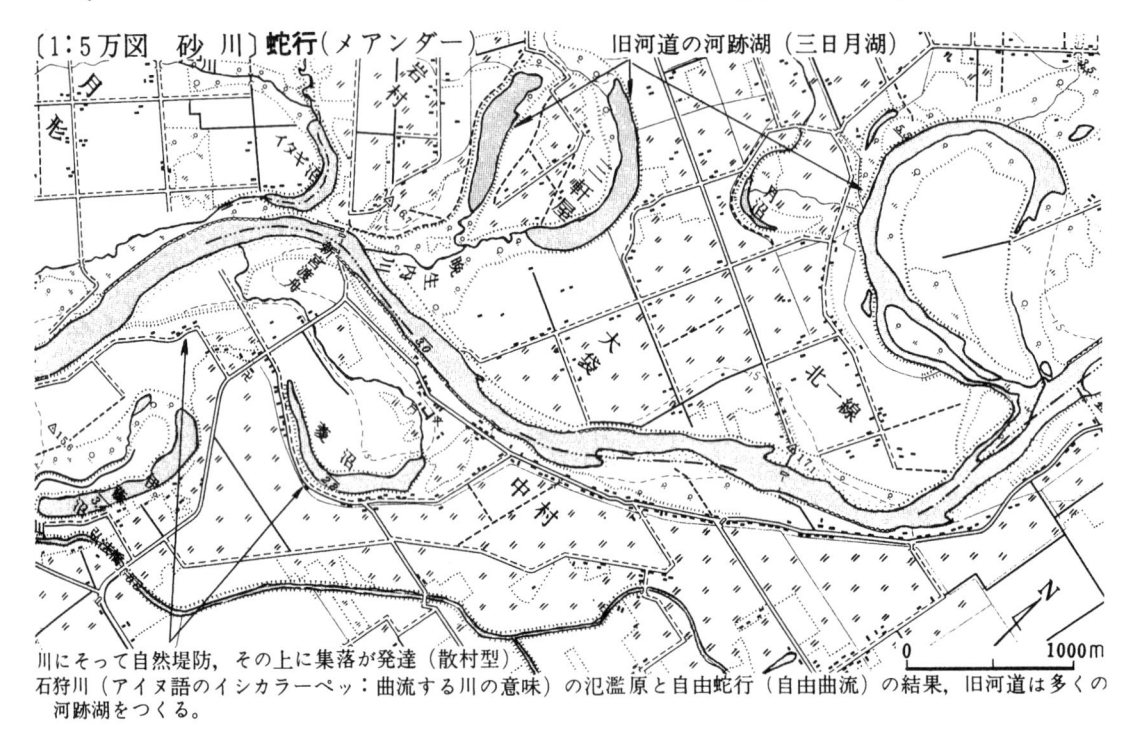

[1:5万図　砂川] 蛇行（メアンダー）　　旧河道の河跡湖（三日月湖）

川にそって自然堤防，その上に集落が発達（散村型）
石狩川（アイヌ語のイシカラーペッ：曲流する川の意味）の氾濫原と自由蛇行（自由曲流）の結果，旧河道は多くの河跡湖をつくる。

扇状地（fan）……山中の谷を流れてきた河川が山ろく付近の緩斜面で急速に運搬力を失い，これまで運んできた砂礫や泥土を堆積した地形。この地形が扇（fan）に似ているところから扇状地という名称がつけられた。扇状地の等高線は，谷口の扇頂を中心に同心円状をなし，扇頂付近は巨礫，大礫で構成され，透水性がみられる。河川水は扇央部では伏流し，砂礫は下流に向かって中礫，小礫と小さくなる。地下水面が扇央で深く，普段は涸れ川で，増水時にのみ流れがみられる。扇央の土地利用は，森林，桑畑，果樹園などが多い。扇端になると伏流した水が湧泉となって地表に現われる。この河川水は冷水なので，水田で利用する際には，温水溜池，「ぬるめ」を利用して水温を上げてから導水する。集落の多くは，この扇端部に形成される。大部分の扇状地は谷口を過ぎると河川が分流するので，各河川沿いに扇

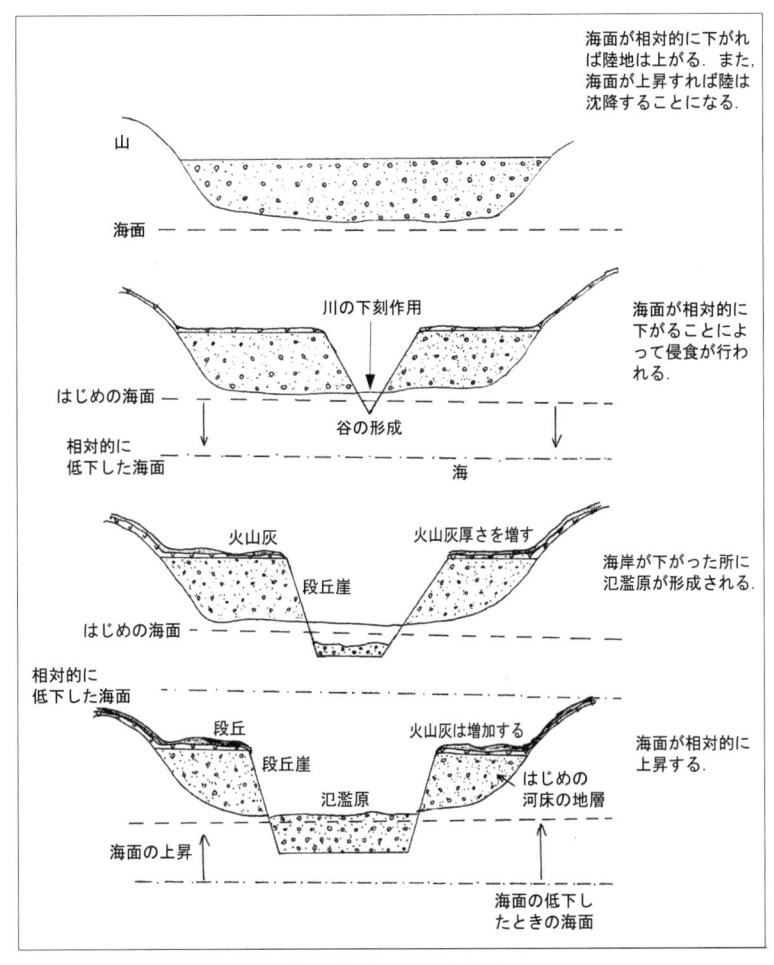

段丘の形成過程（著者原図）

平野の形成分類

	侵食作用による平野			堆積作用による平野	
洪積平野	準平原 構造平野	外的作用によって地表面が長年にわたって削られてつくられた低地	河川による堆積作用	沖積平野	堆積作用が現在も行われている平野
				扇状地	山麓の谷の出口を中心に砂礫が扇状に堆積したもの
	谷底平野 岩石扇状地	河川の側方侵食によってつくられたもの		谷底平野	既存の谷が細砂、砂礫などにより堆積されたもの
				干潟	海・湖に堆積された土地が隆起してできたもの
岩石床		乾燥地にみられる侵食	河川以外の堆積作用	モレーン	氷河が運搬した砂礫などが堆積したもの
				崖錐	斜面の風化により斜面の岩石が崩れ落ちて堆積したもの
海食面		潮汐流や波浪などによる侵食 海崖・海食台・海食洞		土石流	緩斜面を土石が流れ、集まって堆積したもの

（『新版地学辞典』、『地学事典』より）

〔1：2.5万図　海津〕

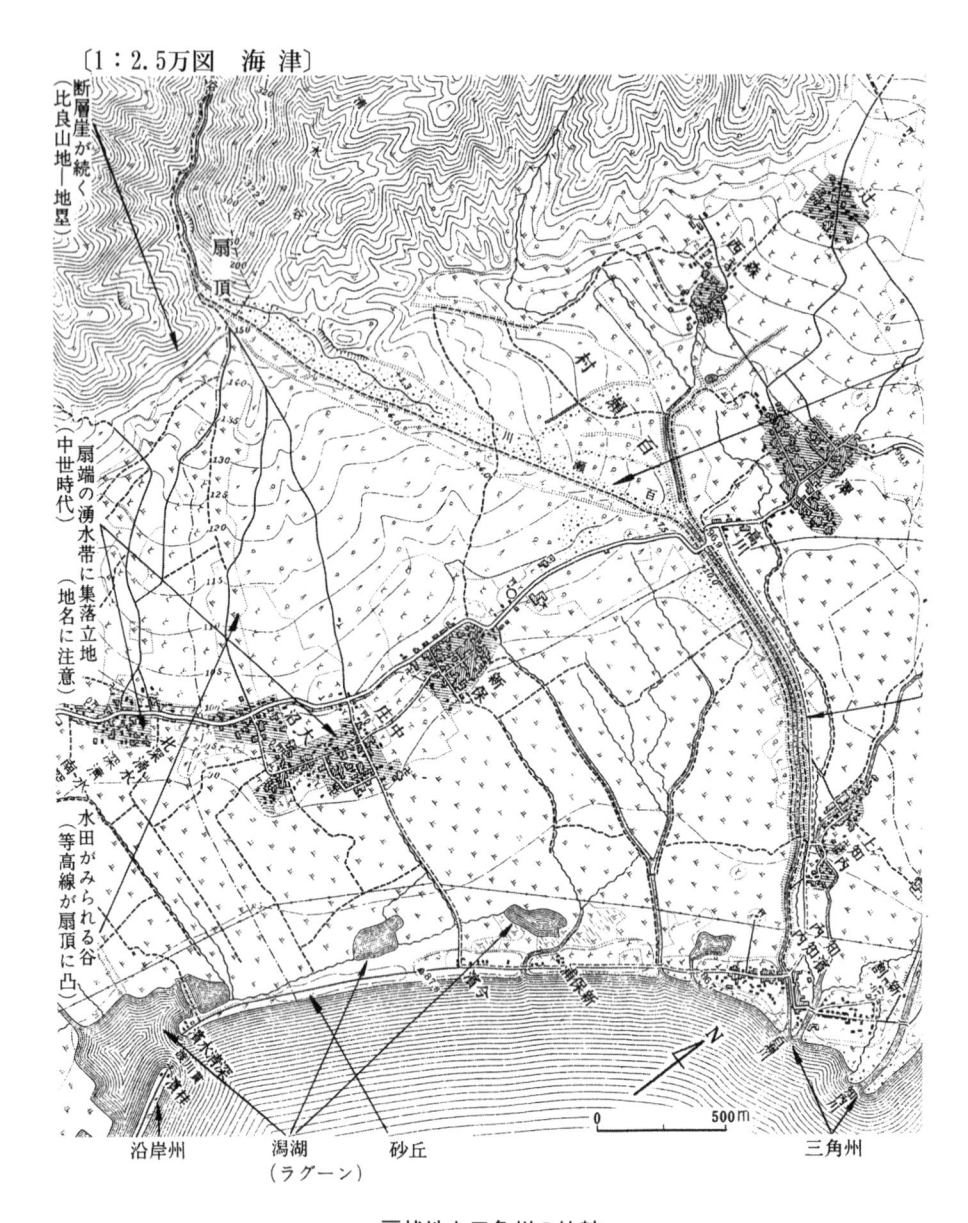

扇状地と三角州の比較

		扇　状　地	三　角　州
自然条件	等高線	谷の出口を中心に同心円状	間隔幅不規則
	堆積面	山麓付近	河口付近
	堆積物	砂礫質	細砂・泥土質
	地下水面	透水性：大きい，地下水面：深い	透水性：小さい，地下水面：浅い
	土地状態	土地乾燥	土地湿潤
	河川状態	伏流，荒れ川，水無川，網流状	分流，曲流
	河川の水深	一般的に浅い	一般的に深い
人文条件	可航	不可航河川	可航河川
	漁業	淡水漁業	淡水・海水魚業
	人口密度	小さい	大きい
	土地利用	疎林，果樹園，桑畑	臨海工業地，水田，蓮田，飛行場　埋め立て容易

状地ができ，複合扇状地となる。
(松本盆地，甲府盆地，ロッキー山麓)

河岸(成)段丘(river terrace)……地盤の隆起と河川の侵食が間隔的に進行し，階段状になった地形。成因によって「堆積性の段丘」と「侵食性の段丘」に大別される。(秩父盆地，武蔵野台地の段丘，天竜川，片品川，信濃川の段丘，津南町の段丘)

堆積性段丘……終氷期に風化作用などによって大量に流出した土砂が，その後の気候変動による河川の流量増加で下方侵食が進んでできた段丘。

侵食性段丘……海面変動や地盤の隆起などにともなって谷底平野などにできた段丘。

④海岸の地形

(a)沈降海岸……陸地の沈降，海面の上昇などによって形成された海岸。(沈水海岸)

溺れ谷(drowned valley)……陸地の沈降，海面の上昇により，V字谷またはそれに相当する谷が沈水したもの。
　　　──→チェサピーク湾，英虞湾，広島湾，松島湾

リアス式海岸(rias costline)……山地が沈降して谷に海水が入り，鋸歯状を示している海岸。海岸線に対して山地がやや垂直的である。
　　　──→スペイン北西部(リアの由来：リアスバハス海岸)，北アメリカ北東部，三陸海岸，若狭湾岸，豊後水道沿岸，志摩半島，奄美大島南部沿岸

ダルマチア式海岸(dalmatia costline)……クロアチアのダルマチア地方などにみられる海岸形態。海岸線に対して平行な細長い入り江や島々が発達する。──→アドリア海沿岸

フィヨルド海岸(fjord)……氷河の侵食・溶解で形成されたU字谷が沈降し，海水が侵入した入り江。水深・奥行きともに深く，湾岸は絶壁になっている。
　　　──→ノルウェー西岸，チリ南部沿岸，ニュージーランド南島，グリーンランド

ファース(峡江；forth)……氷河地形の河口に形成された水深の浅い入り江
　　　──→ファース湾(イギリス)

三角江(エスチュアリー；estuary)……沈水した海岸の河口が波浪・沿岸流・潮汐作用によって三角形(ラッパ状)に開いている川。(p.25参照)
　　　──→テムズ川，エルベ川，セーヌ川，長(揚子)江，アマゾン川，セントローレンス川

有湾台地……台地上の小規模の谷が沈水してできたもの。
　　　──→三浦半島，チェサピーク湾付近

(b)隆起海岸……陸地の上昇，海面の下降などによって形成された海岸。(離水海岸)

海岸平野(costal plain)……砂泥・粘土，砂礫の堆積を受けて遠浅になった海底が隆起して陸地化した平野。

海岸砂丘(coastal sand dune)……沿岸流，波動，風の影響によって，海面下の砂が上昇，堆積してできたもの。
　　　──→鳥取砂丘，遠州灘，鹿島灘，新潟砂丘，秋田砂丘

潟湖(ラグーン：lagoon)……沿岸州，砂州，砂丘などによって海から隔離されて生じた湖や海。
　　　──→メキシコ湾，フランス地中海沿岸，猿間(サロマ)湖，八郎潟(干拓)，河北潟

海岸段丘……海岸面の何回かの上昇による離水と海食作用によって，海岸線に沿って階段状にできた段丘。
　　　　⟶ 北海道沿岸，佐渡，紀伊半島，室戸岬

(c)中性海岸……地盤の隆起・沈降などによる沈水・離水に直接関係なく形成された地形。

断層海岸……断層崖が海面下にまで伸び，海岸線の凸凹が少なく直線的な海岸。
　　　　⟶ 若狭湾の西側・東側，八代湾岸，新潟県親不知海岸，伊豆半島西岸

火山海岸……火山のもつ性質によって多少海岸線が異なるが，火山活動との関連が深い海岸。
　　　　⟶ 北海道の内浦湾（噴火湾），九州国東半島，櫻島沿岸

珊瑚礁海岸……水温20℃以上，水深50m以内の浅い清澄な海水中に住む珊瑚虫の分泌物，炭酸石灰および遺体によって形成される石灰質礁（$CaCO_3$）。形態によって裾礁（きょしょう），堡礁（ほしょう），環礁（かんしょう）の3つに大別される。
　　　　⟶ 台湾，小笠原諸島，奄美諸島，沖縄諸島

　裾礁（fringing reef）……島や陸地に接して発達したもの。日本の珊瑚礁はほとんどが裾礁。
　　　　⟶ マリアナ諸島，マーシャル諸島，カロリン群島

　堡礁（barrier reef）……陸地に沿って発達し，外礁が環状に島を取り囲み，礁と島の間にやや深い礁湖（lagoon）があるもの。
　　　　⟶ グレートバリア・リーフ（大堡礁），全長2,000km世界最大，チューク島

　環礁（atoll）…中央部に島がなく，環状の外礁と礁湖のみがあるもの。日本ではみられない。
　　　　⟶ ビキニ環礁（水爆実験地），ムルロア環礁，南大東島（隆起環礁）

　卓礁（table reef）……陸地から離れた場所にあり，礁湖がなく島の頂上部が平坦なもの。
　　　　⟶ 宮古島北方八重干瀬（びせ）

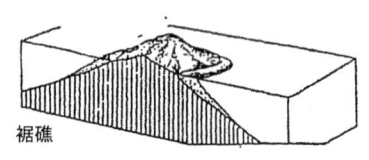

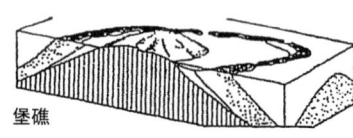

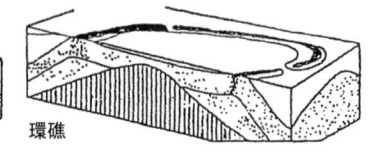

裾礁　　　　　　堡礁　　　　　　環礁
珊瑚礁のいろいろ

(d)その他の海岸地形

海食台（abrasion platform）……波の作用で海食崖が後退し，陸地が削られて生じた海底の台地。
隆起海食台……海食台が隆起して姿を現したもの。
　　　　⟶ 熊野灘の鬼ヶ城，土佐湾岸，志摩半島，房総半島の野島崎付近

海食崖（sea cliff）……海食によって形成された海岸の急崖。海崖とも呼ばれる。下部には海食洞がつくられることがある。

海食洞（sea cave）……海食崖にみられる海食によってつくられた洞窟
　　　　⟶ 江ノ島

砂　州（sand bar）……河川の上流から運搬された砂泥土が河川沿いに直線状に伸びたものと，浅海の細砂礫が沿岸流と波動によって幅の狭い砂の帯が海岸線沿いにできたもの
　　　　⟶ 天ノ橋立，久美浜湾，夜見ヶ浜

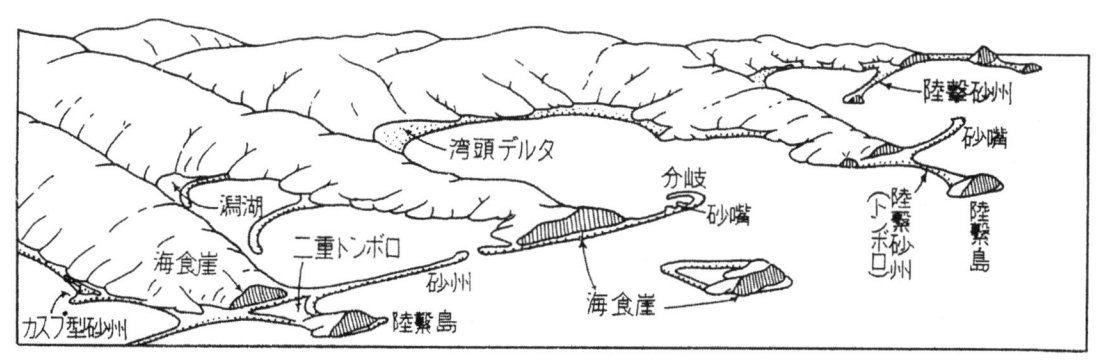

おもな海岸地形の分類

おもな海岸地形の分類

	沈降海岸（沈水）	隆起海岸（離水）	中性海岸	その他の海岸
形成原因	・海水面の上昇・陸地の沈降によるもの ・海水面・陸地とも沈降するが，陸地の沈降の方が大きいもの ・海水面・陸地とも隆起するが，海水面の上昇の方が大きいもの ・陸地のみ沈降	・海水面の低下・陸地の隆起によるもの ・海水面陸地とも隆起するが，陸地の隆起の方が大きい ・海水面・陸地とも沈降するが，海水面の低下の方が大きい ・海水面のみ低下	・地盤活動によるもの火山活動 ・断層運動 ・珊瑚虫の活動	・沿岸流・波力・風力などにより，砂礫の堆積作用によるもの
例	・溺れ谷 ・リアス式海岸 ・ダルマチア式海岸 ・フィヨルド海岸 ・三角江 ・有湾台地	・海岸平野 ・海岸砂丘 ・海岸段丘 ・潟　湖	・火山海岸 ・断層海岸 ・珊瑚礁海岸　など	・砂　州 ・砂　嘴 ・陸繋島 ・沿岸州　など

（『新版地学辞典』より）

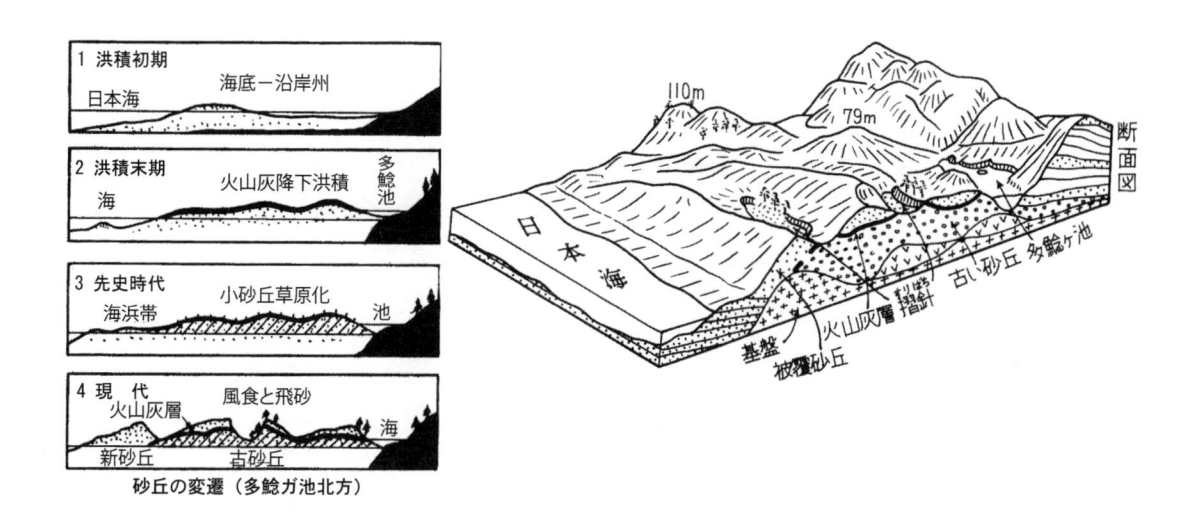

砂丘の変遷（多鯰ガ池北方）

〔1:5万図　鳥取北部〕　0　1000m

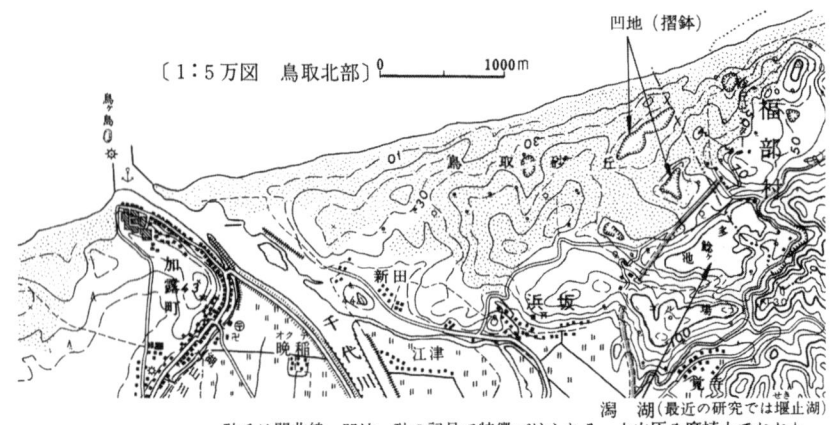

凹地（摺鉢）

砂丘は間曲線，凹地，砂の記号で特徴づけられる．火山灰や腐植土でおおわれた古い砂丘の上にかぶさる二重砂丘，したがって高度が高い．

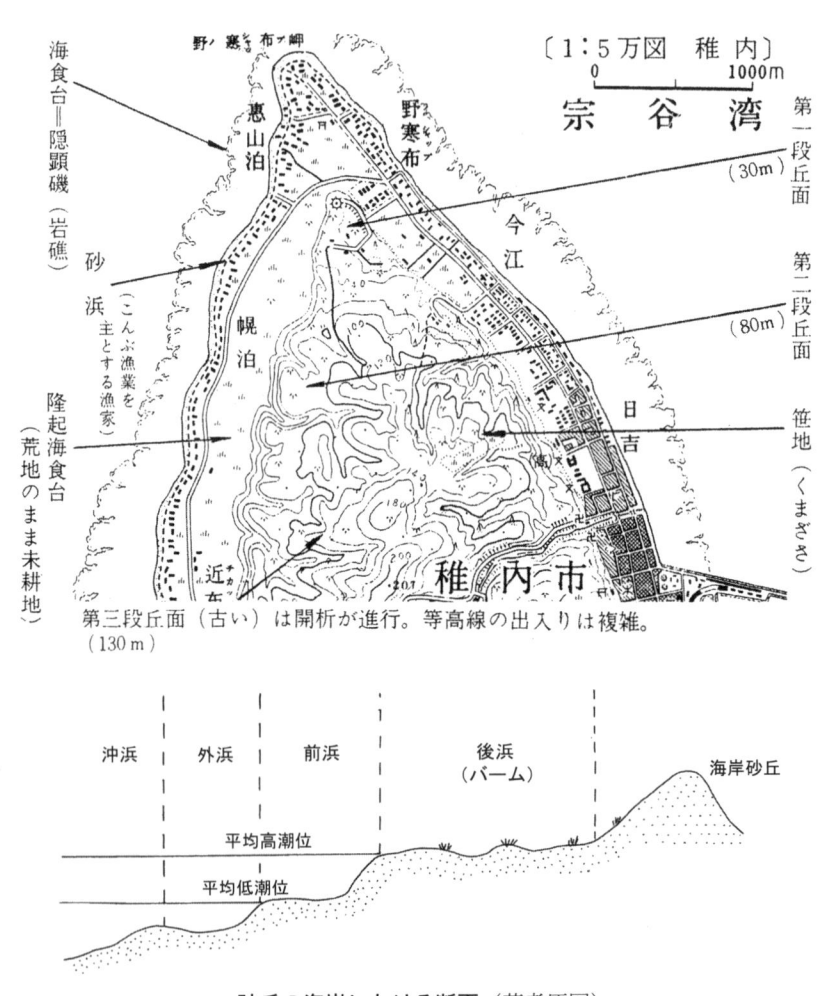

〔1:5万図　稚内〕　0　1000m

宗谷湾

海食台＝隠顕磯（岩礁）
砂浜（こんぶ漁業を主とする漁家）
隆起海食台（荒地のまま未耕地）

第一段丘面 (30m)
第二段丘面 (80m)
笹地（くまざさ）

第三段丘面（古い）は開析が進行．等高線の出入りは複雑．
(130m)

沖浜　外浜　前浜　後浜（バーム）　海岸砂丘

平均高潮位
平均低潮位

砂丘の海岸における断面（著者原図）

後浜（バーム）：海水浴などで遊ぶところを後浜という．ここには塩分や乾燥に強い植物，ハマユウ，ハマポウフウなどが点々と生えている．前浜：満潮時の汀線から引潮時の間をいう．外浜：平均低潮位，引潮の時の汀線から州までの間をいう．普通は水面下にある．沖浜：外浜の前面で深くなる部分．

砂嘴（sand spit）……海岸沿いにできた砂礫の堆積物が，風力・沿岸流・波動によって鳥の嘴状になった地形。
　　　──→かぎ状の砂嘴…伊豆半島戸田湾，
　　　──→分岐砂嘴（先端がいくつかに分かれているもの）…北海道野付崎，三保の松原
陸繫砂州（トンボロ；tombolo）……陸と離れていた島が砂州などによってつながった地形。（陸繫島）
　　　──→マカオ，ヴェルデ岬（セネガル），函館，男鹿半島，江ノ島，潮岬，志賀島
浜　堤（beach ridge）……砂礫が波によって打ち上げられ，海岸線に平行して堆積した細長い高まり。背後は後背湿地になっていることが多い。
　　　──→九十九里浜，新潟海岸，湘南海岸
沿岸州（offshore bar）……遠浅海岸で，海底の砂が沿岸流，波力，風力などによって運ばれ，沿岸沿いに堆積してつくられたもの。
　　　──→ロングアイランド南岸（アメリカ合衆国），メキシコ湾岸，フリージア諸島（オランダ）

⑤氷河地形

氷　河……高山や寒帯の地域は，夏でも雪が解けず万年雪となっている。万年雪の分布する最低線を雪線（snow line；赤道地域では5,000 m内外。南北方向に低下，両極で海水面）という。積雪の荷重で下方から氷結した氷塊は密度を増し，粘性をおびて氷河となって移動し始める。

⎰　谷氷河（アルプス型氷河；valley glacier）……谷を移動し，U字谷を刻むもの
　　　　──→アルプス（約2,000個），ヒマラヤ，ロッキー，キリマンジャロ（5,895 m）
　山麓氷河（piedmont）……山の中腹から麓にかけて広がるもの
　　　　──→アラスカ（マラスピナ氷河）などの高緯度地域
　大陸型氷河（氷蓋；ice cap）……小規模な氷床
⎱　　　　──→アイルランド，スカンジナビア，カナダ北部，南極大陸

氷河時代……気候が寒冷になり，地球上を広く氷河がおおった時期。古くは先カンブリア代，二畳紀，新しくは第三紀にみられ，最近では，洪積世（4回の氷期と3回の間氷期）にみられた。地球では氷河が前進する時期（氷期）と氷河が後退する比較的温暖な時期（間氷期）とが交互する。

圏谷（カール；kar）……谷氷河の出発点にある半鍋状の凹地

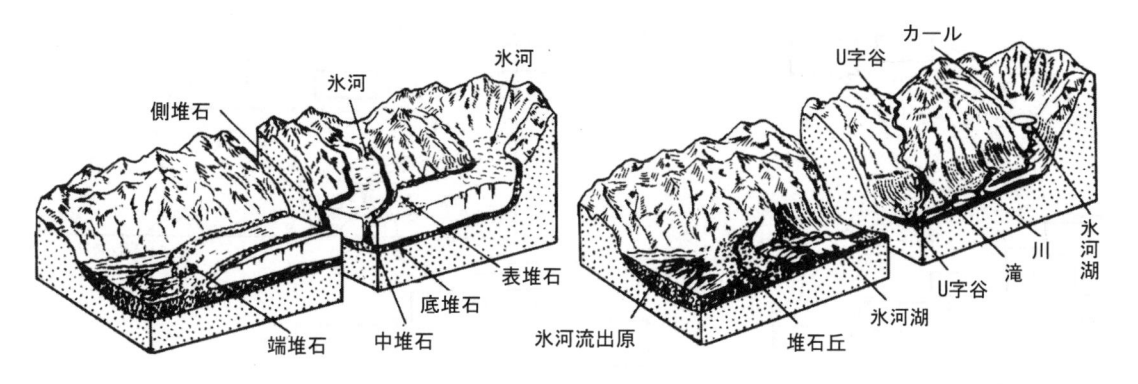

→ ヨーロッパアルプスでホーン（角）の名がつく峰，穂高，白馬，立山，日高
ホーン（尖；horn）……氷河の侵食により，山頂が角のように尖った峰
U字谷……氷河で侵食された谷，河食のV字谷と対称的。本流と支流の合流点に懸谷ができる。
フィヨルド（fjord）……氷河の侵食・溶解で形成されたU字谷が沈降し，海水が侵入した入り江。
　　　ノルウェー（ソグネフィヨルド：幅5km，全長185km），
　　　グリーンランド（ノードベスト（東岸）全長314km：世界最大）
羊背岩（rundhocker）……羊群岩とも呼ばれ，氷食谷の谷底で氷河によって磨かれ，羊の背のように丸くなった岩。表面が磨かれ，擦痕も見られる。
堆石（モレーン；morain）……氷河が岩盤を削り取った岩屑。堆石が形成される場所によって，側堆積，中堆積，底堆積，端終堆積などと細かく分類される。
氷堆積丘（ドラムリン；drumlin）……大陸の氷河が後退する時，流れの方向に雁行する半卵状の丘。
エスカー（esker）……氷河の底に融解水が溜まり，その中に落ちた岩屑が積もって流れの方向に堤防状に積った高さ20〜30mの細長い丘陵。長さ数十kmに達する細長い堤防状の丘陵。
　　　→ 北ドイツ平原
ハイデ（ヒースランド；heide）……氷河の後退により表層土が侵食されてできた湿地または高乾燥地で，地味は砂礫土の多い土地である。農耕には適さず，多くは酪農地となっている。スコットランドでは，この地域にツツジ科に属する低木のヒースが生息しているところから，ヒースランドと名づけられた。
レス（黄土；loess）……氷河堆積物の中の微粒子が風によって運ばれて堆積したもの。中国の黄土は黄河の堆積物が風で運ばれたもので，氷河成因ではないという説もある。

⑥ **カルスト（karst）地形**
溶食によってできた地形をカルスト地形という。
　　溶　食……石灰岩地方で，その主成分である炭酸カルシウム（$CaCO_3$）が雨水によって侵食さ

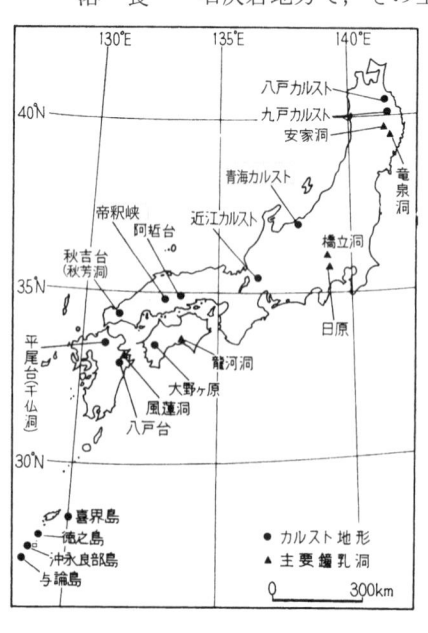

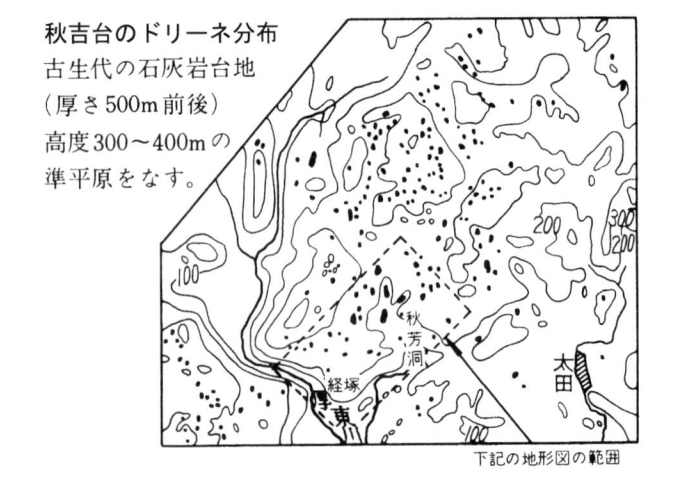

秋吉台のドリーネ分布
古生代の石灰岩台地
（厚さ500m前後）
高度300〜400mの準平原をなす。

下記の地形図の範囲

カルスト地形の模式図

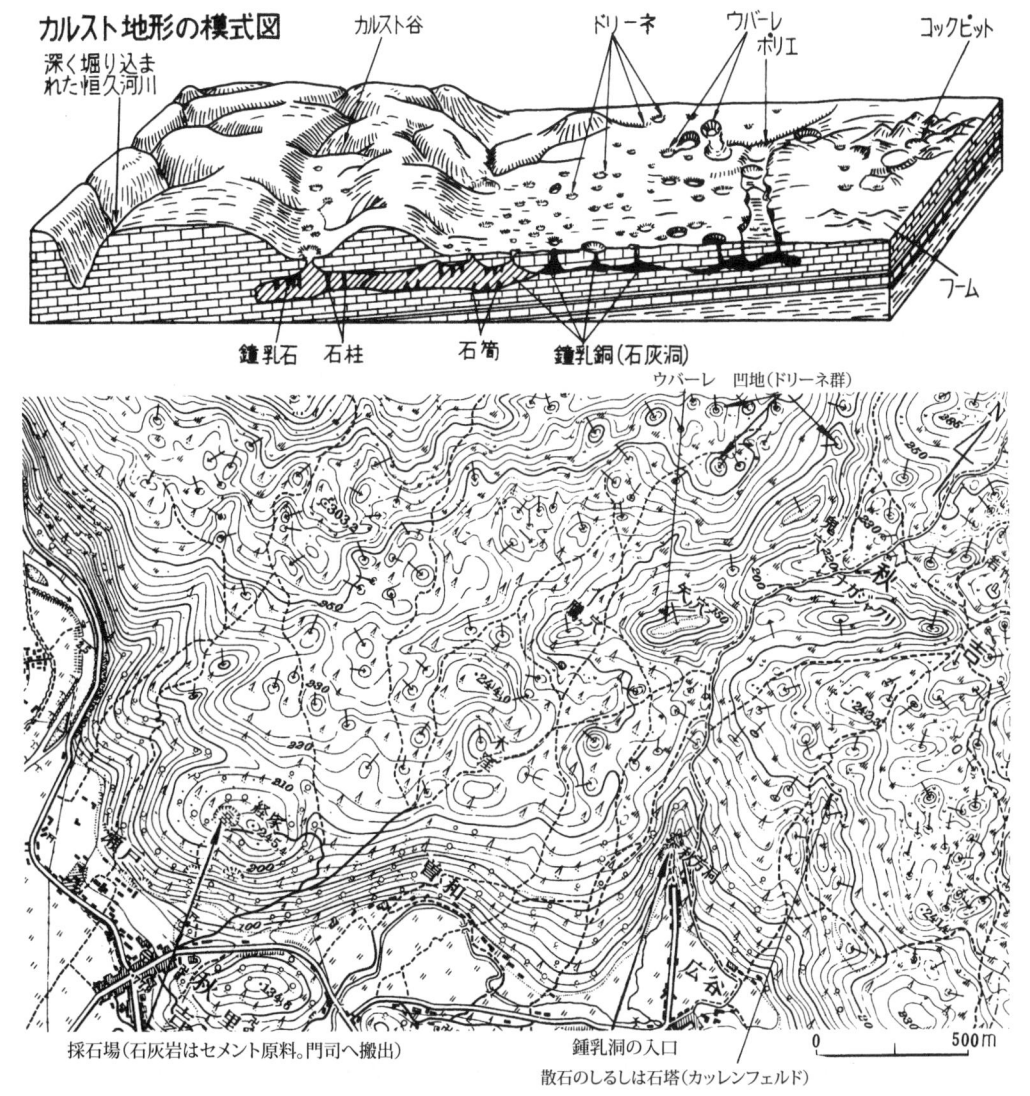

石灰岩地方は溶食による凹地（閉曲線と矢印）がたくさんできる（秋吉台で232個）.
一般にテラロッサ土に覆われ，地味はよくない（採草地）.

れること。

　──→クロアチア北西部のカルスト地方，秋吉台（山口），平尾台（福岡），大野ヶ原（愛媛），
　　　帝釈台（広島），沖永良部島（沖縄）

ドリーネ（doline）……石灰岩の割れ目に雨水が浸透し，岩石を溶かしてできたすり鉢状の凹地。
ウバーレ（uvale）……ドリーネが連結してできた細長い凹地。
ポリエ（polije）……ウバーレの規模の大きなもの。または連結して大きくなった細長い凹地。
コックピット（cock pit）……盆地の間に小規模ながら無数につくられる尖峰。この時以降，
　　　高度は減少し，山稜は削剥されてカルスト準平原となる。この時期の孤立した丘をフー
　　　ムと呼ぶ。
カッレンフェルド（karrenfeld）……侵食し残された石灰岩が塔の形で散在する地形（石塔原）。

石灰洞（鍾乳洞）……地下に染み込んだ雨水（地下水）が岩石の割れ目を溶食してできた洞穴。この洞穴内に鍾乳石，石筍，石柱，石灰華段丘などが発達する。
　　　⟶ マンモスケーブ（アメリカ合衆国ケンタッキー州），秋芳洞（山口），安家洞（岩手），日原（東京西多摩）

テラロッサ（terra rossa）……玄武岩が風化してできた粘土質の土壌，赤色または赤褐色で肥沃。（玄武岩・輝緑岩の風化土であるブラジルのテラローシャとは区別する）

⑦乾燥地形

乾燥地域の地形は，主たる気候条件として降水量・蒸発量の多少などがあげられる。岩石の崩壊の原因として，著しい風化作用，昼・夜の気温の急激な較差による膨張・収縮などがあげられる。また，まれにみられる集中的豪雨による特異な侵食や堆積などが作用した地形もある。

マルトンヌ（E. de Martonne）の考案による乾燥指数 $I = P/(T+10)$ （P：年降水量 mm，T：年平均気温℃）によると，Iの値が20以下を乾燥とする（5以下　砂漠，10以上　乾燥農業が可能，20までは人工灌漑，30に近づくと森林出現）。

砂　漠（desert）

砂　砂　漠……多量の砂の堆積，砂丘が発達，地方名でエルグ（Erg；サハラ），クム（koum；中央アジア）

岩石砂漠……基盤岩石が露出した荒地地形。地方名でハマダ（Hmada；サハラ）。

礫　砂　漠……砂利によって全面が覆われている地形。（セリル），粘土砂漠，塩粘土砂漠
　　　⟶ サハラ，シリア，カラハリ（以上アフリカ）。ルブ・アル・ハリ，ネフド（以上アラビア），タール（インド）。タクラマカン，ゴビ（以上アジア内陸部）。モハーベ，ヒラ，ソノラ（（以上アメリカ合衆国）。アタカマ（チリ）。ビクトリア，サンデー（オーストラリア）

砂　丘（sand dune）

内陸砂丘：大陸内部の砂漠地帯にみられる砂丘。

　バルハン型砂丘（barchan）……円弧状の砂の稜線をもち均質な砂で構成される砂丘（日本では，三日月型）。

　マンハ型砂丘（manha）……風上側に風食凹地と急斜面をもつ侵食砂丘

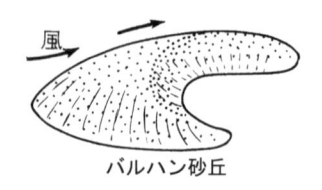

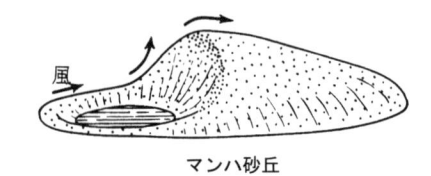

バルハン砂丘　　　　　マンハ砂丘

海岸砂丘：岸に打ち寄せられた砂が強風によって移動することで形成された砂丘。

　三稜石（ドライカンター）……風によって磨耗された風食礫のうち，形が三角錐状になったもの。

オアシス（oasis）

湧水があるため植物が生育し，隊商の休養地，補給地，交易地となる場所。オアシスには人が集まり，オアシス都市が生まれて交易の重要な拠点となった。

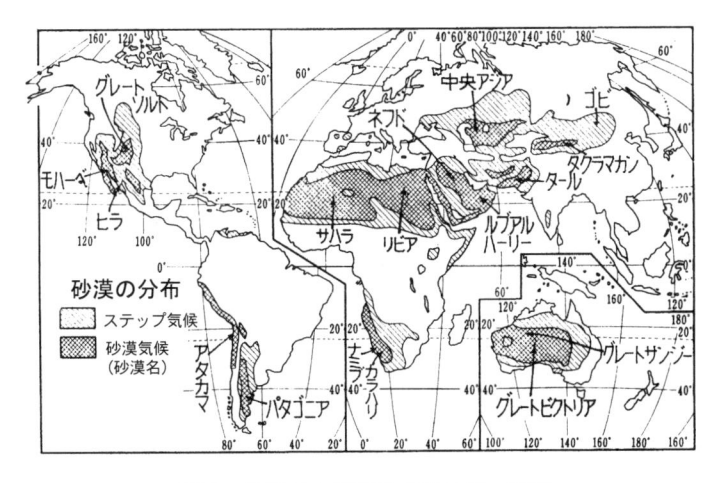

内陸性流域

降水量よりも蒸発量・浸透量が多く，湖に流入する河川はあるが海洋に通じる河川がない。亜熱帯高圧帯から貿易風帯に及ぶ範囲と地形との関係でできた少雨量地域がある。乾燥指数は5以下を中心として10以下の場所。

内陸河川

乾燥地域の河川で，外洋に出口をもたない。

　→　シル川，アム川，ボルガ川

外来河川

降水量の多い地域を水源とし乾燥地域を流れる河川。

　→　ナイル川，チグリス川，
　　　ユーフラテス川，インダス川

ワジ (wadi)

一時的な豪雨の時だけ川となり，普段は涸れている川。（涸河，水無川）

世界の乾燥地と砂漠化危険地域の面積

砂漠化危険度	気候乾燥度 r/E_0				小計	
	<0.03 超乾燥	0.03～0.20 乾燥	0.20～0.50 半乾燥	0.50～0.70 半湿潤	面積	%
非常に高い	0	1.173	2.018	0.165	3.356	2.2
高い	0	14.856	2.798	0.615	18.269	12.2
中程度	0	2.371	11.804	3.578	17.753	11.9
小計	0	18.401	16.620	4.359	39.380	26.3
危険度無し	9.181	0.860	1.086	10.514	21.641	14.4
計	9.181	19.261	17.706	14.873	61.021	40.7
				非乾燥地	88.699	59.3
				総計	149.720	100.0

（『地理学辞典』より）

塩湖（鹹湖）

水1ℓ中に0.5g以上の塩類を溶かしている湖沼。内陸盆地で排水口のない湖が蒸発によって濃縮し高い塩分を示す湖を内陸塩湖という。これがさらに蒸発すれば，塩分を沈殿し乾いて塩砂漠となる。

乾燥地形・砂漠成立の要因

砂漠の種類	成立要因	地域
大陸西岸の亜熱帯高圧帯付近にみられる砂漠	1) 大気が安定し，対流現象が発生しにくい地域 2) 亜熱帯高圧帯地域で，上層・下層の大気の温度に差がみられず，また気温の逆転現象が生じない地域 3) 亜熱帯高圧帯から吹き出す貿易風のため，回帰付近で大陸の西岸を流れる湿潤気団の寒流が陸地に影響を及ぼさない地域 4) 亜熱帯高圧帯のやや冷涼で乾燥した大気が低緯度に向かって吹き出す地域	アタカマ砂漠 ナミブ砂漠 カラハリ砂漠 チルーベ砂漠
雨影（陰）砂漠	湿潤な大気が山脈を越えて移動する際，山脈に大量の雨をもたらし，山頂から反対側に下降する時やや高温乾燥となる地域	パタゴニア砂漠
大陸内陸部砂漠	海から遠く離れた大陸の内陸で，周囲を山肌に囲まれている地域	ゴビ砂漠 タクラマカン砂漠 ルブ砂漠
回帰線付近の砂漠	赤道付近で暖められた大気が極地方に向かって移動する時，30°付近で下降して高圧帯をつくる。そのため，晴天が続き砂漠が生ずる	サハラ砂漠 グレートサンディ リビア砂漠

（『地理学辞典』より）

このような低地をプラヤ（playa）という。

　　　→ 死海（300g／ℓ），グレート・ソルト湖（203g／ℓ），カスピ海（12.8g／ℓ），中部アフリカのカトペー湖（310g／ℓ），〔注〕海水の塩分　30g／ℓ。

汽水湖

海と水路でつながり，海水が遡上する湖。塩水は比重が大きく，湖の底の方にあるのが一般的で，上部は淡水である。海水の影響を直接受けて塩分を含む湖沼。──→ サロマ湖，浜名湖，八郎潟，涸沼

メサ・ビュート（Mesa・Butte）

侵食作用の結果，硬岩質の部分が残され，台地状になった地形をメサ（Mesa）といい，規模の小さいものをビュート（Butte）という。

⑧火　山

地下の深い所（約10〜100km）のマグマ（岩漿）から遊離したガスが，地熱と圧力，その他の影響によって爆発を起こして地殻を破り，溶岩（Lava），火山灰，火山礫等の物質を噴出させる現象と火山性地殻変動を起こしながら地表が隆起した火山体の総称。

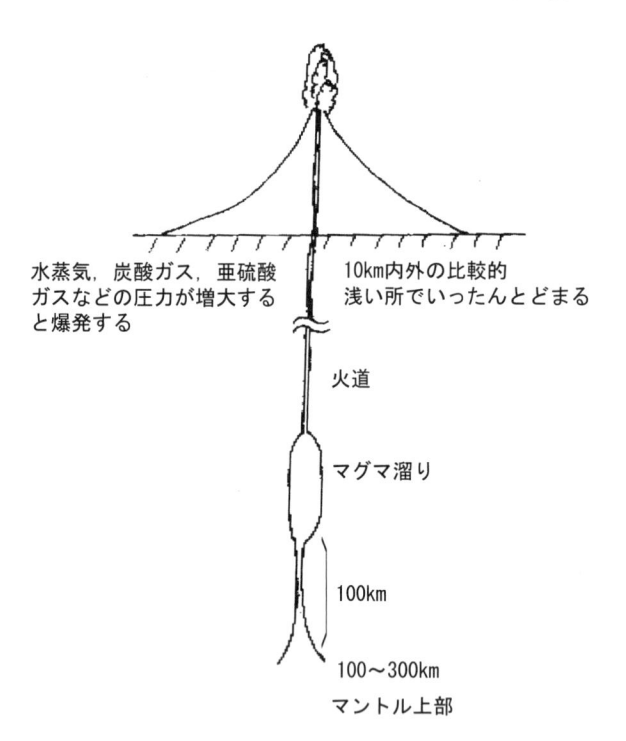

⑨火山活動と噴出物の種類

火山噴出物　溶岩（Lava）と火山砕屑物（Tehra），火山ガス（Volcanic gas）などがある。溶岩とは，岩漿（Magma, Rock Magma）火口から噴出したものをいい，地球内部で溶けている岩石をマグマ（Magma）という。溶岩は1,000℃内外の高温の物質で固結するには数カ月かかる。

火山砕屑物は，溶岩が地上に現れた際に凝結して岩石の破片になったもので，岩石の大きさや形状によって火山弾，火山礫（2mm以上），火山砂（1/16〜2mm），火山灰（1/16mm以下），軽石などに区別される。

軽石（Pumice）はマグマの中に含まれていた多量のガスが急激に放出され，岩石の中に気泡が残ったもので，軽く，水に浮かぶことがある。

火山ガス　火山から噴出するガスのことで，火山ガスの成分はおもに水蒸気であるが，その他に亜硫酸ガス，炭酸ガス，硫化水素，一酸化炭素などが含まれる（三宅島噴火に伴う火山ガスにより全住民が避難）。

⑩火山の分類

1911年ドイツのシュナイダー（K.Schneider）は，火山を形態によって7つに分類した．現在は火山研究が進み，形態のほかに成因や堆積物などを加えたものが主流になりつつある．

性	名称と形態	特　　　　色
酸性	トロイデ（Tholoide）鐘状火山（溶岩円頂丘）	比較的粘結性の強い溶岩が噴出したもので，裾野は狭く火山活動末期に寄生的にできることが多い．流紋岩，花崗岩系のものが多い． 例）鶴見岳（大分），由布（ゆふ），九重山，三瓶（さんべい）山，大山（だいせん），焼岳，箱根駒ヶ岳，双子山など
	ベロニーデ（belonite）	粘結性で火口の中で凝固したものか，粘結性の強い溶岩が押し上げられた岩頭． 例）昭和新山，西インド諸島マルチニーク島のモンペレー山（かつて出現したが，1902年に崩壊した）など
中性	コニーデ（Konide）円錐状火山（成層火山）（富士山型）	溶岩と火山砕屑物（火山灰・火山砂）が交互に噴出・堆積して成長している．成層火山（Strato Volcano）とも呼ばれる．広い裾野をもち，安山岩，内緑岩系のものが多い．日本に多い形状． 例）ベスビオス山（イタリア），キリマンジャロ（アフリカ），富士山，羊蹄山，岩木山など
	ホマーテ（Homate）臼状火山（砕屑丘）	マールを形成する活動よりさらに激しく噴出した多量の砕屑物からなり，山体の底面積の割りに火口が大きく高さは低い．寄生火山も多い． 例）パリクテイン（メキシコ），鍋山（桜島），福江島の火岳，鬼岳（五島列島），高津島
アルカリ性	アスピーテ（Aspite）楯状火山 キラウエア型カルデラ	粘結性が小さく，流動性に富む溶岩が流失して10°を越えない緩斜面．玄武岩，ハンレイ岩が多い． 例）マウナロア，マウナケア，キラウェア（ハワイ），月山，霧が峰，八幡平（はちまんたい）
	ペジオニーテ（Pedionite）溶岩台地	きわめて流動性に富む溶岩が数個の噴火口から流れ出した台地状の火山．日本では小規模． 例）デカン高原（面積503万km^2，厚さ最大2000m），ケーマ（蓋馬）高原，屋島，耶馬（やば）渓
	マール（Maar）	マグマの中のガスか地下水の蒸気爆発によってできた円形の凹地で，周囲には岩屑が堆積して低い丘をつくる．火口に水が溜まったものもある． 例）アイフェル高原（ドイツ・ベルギー），男鹿半島の一の目，二の目，三の目潟，戸賀湾，波浮港（伊豆大島），開聞岳付近の池底，鐘池，鰻池，山川港

（『地震・火山の事典』より）

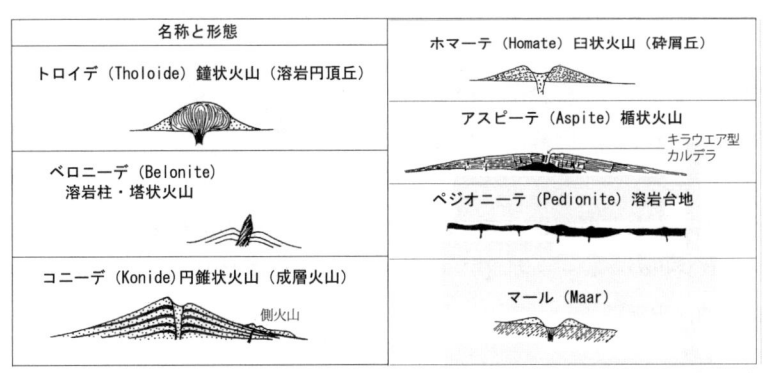

（著者原図）

ラピリ台地（Lapili Plateau）

溶岩台地に似ているが，おもに軽石・火山灰など火山砕屑物の堆積による台地．

　　　──→南九州のシラス台地

日本のおもな活火山の分布

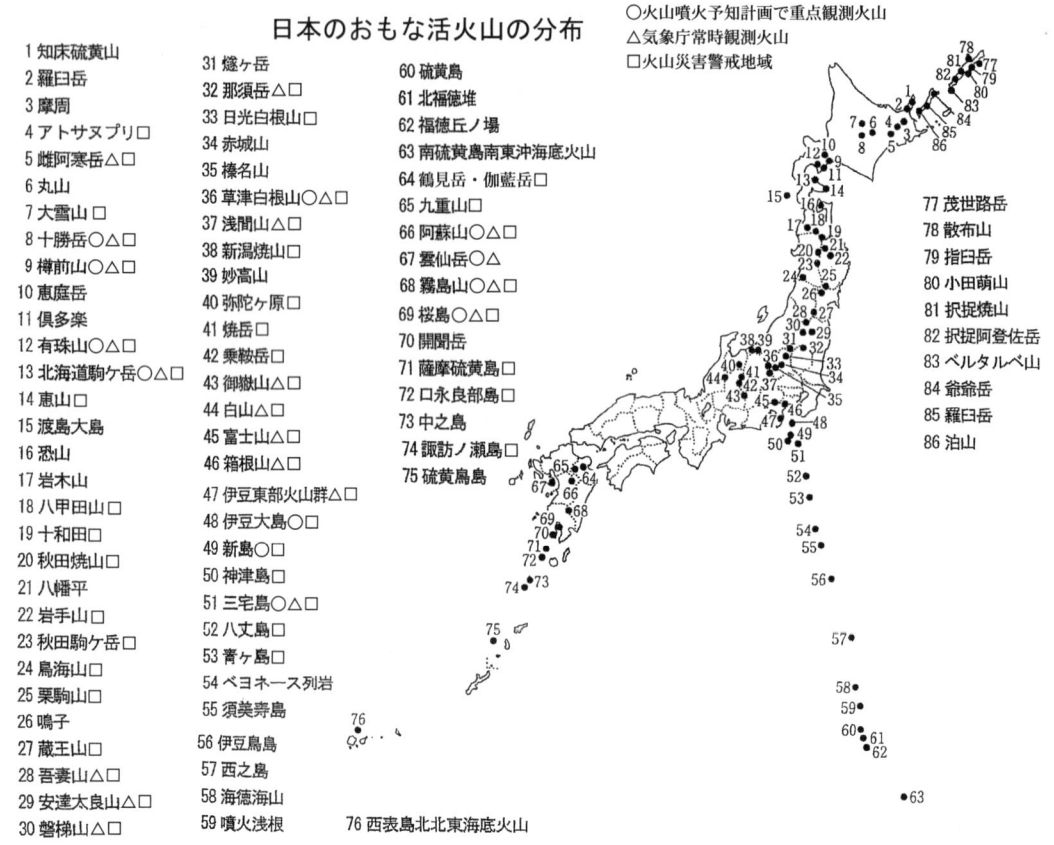

○火山噴火予知計画で重点観測火山
△気象庁常時観測火山
□火山災害警戒地域

1 知床硫黄山
2 羅臼岳
3 摩周
4 アトサヌプリ□
5 雌阿寒岳△□
6 丸山
7 大雪山□
8 十勝岳○△□
9 樽前山○△□
10 恵庭岳
11 倶多楽
12 有珠山○△□
13 北海道駒ケ岳○△□
14 恵山□
15 渡島大島
16 恐山
17 岩木山
18 八甲田山□
19 十和田□
20 秋田焼山□
21 八幡平
22 岩手山□
23 秋田駒ケ岳□
24 鳥海山□
25 栗駒山□
26 鳴子
27 蔵王山□
28 吾妻山△□
29 安達太良山△□
30 磐梯山△□

31 燧ヶ岳
32 那須岳△□
33 日光白根山□
34 赤城山
35 榛名山
36 草津白根山○△□
37 浅間山○△□
38 新潟焼山□
39 妙高山
40 弥陀ヶ原□
41 焼岳
42 乗鞍岳
43 御嶽山□
44 白山△□
45 富士山□
46 箱根山□
47 伊豆東部火山群△□
48 伊豆大島○△□
49 新島○□
50 神津島□
51 三宅島○△□
52 八丈島
53 青ヶ島
54 ベヨネース列岩
55 須美寿島
56 伊豆鳥島
57 西之島
58 海徳海山
59 噴火浅根

60 硫黄島
61 北福徳堆
62 福徳岡ノ場
63 南硫黄島南東沖海底火山
64 鶴見岳・伽藍岳□
65 九重山□
66 阿蘇山○△□
67 雲仙岳○△
68 霧島山○△□
69 桜島○△□
70 開聞岳
71 薩摩硫黄島□
72 口永良部島□
73 中之島
74 諏訪之瀬島□
75 硫黄鳥島
76 西表島北北東海底火山

77 茂世路岳
78 散布山
79 指臼岳
80 小田萌山
81 択捉焼山
82 択捉阿登佐岳
83 ベルタルベ山
84 爺爺岳
85 羅臼岳
86 泊山

（『火山災害』ほかより）

2016年火山法が改正され，全国49火山周辺の23都道府県と140市町村が火山災害警戒地域に指定指定された．指定自治体は火山防災協議会の設置が義務付けられた．

カルデラ（Caldera）

火山の山体に比べて著しく大きい火口状の凹地（カナリー諸島のLa Caldera島からとった）

成因として爆発によってできる爆発カルデラと中央部が陥落し，周囲から断裂してできる陥没カルデラとがある。

　　　　→爆発カルデラ……磐梯山（1888年に大爆発）
　　　　　陥没カルデラ……阿蘇山，箱根山

カルデラ湖

カルデラに雨水や地下水などが溜まってできた湖。北海道にその例が多い。

　　　　→オレゴン州のクレータ湖（アメリカ合衆国），屈斜路湖，摩周湖，阿寒湖，支笏湖，洞爺湖，十和田湖，田沢湖

火山の恩恵

(a) 温　泉

人間にとって火山は恐怖の対象のみではない。火山があるが故の恩恵も少なからずある。最も一般的な恩恵は温泉であろう。とくに日本人は，昔から温泉（火山性温泉）に対して関心が高い。

温　泉　　昭和28年の温泉法によって温泉の定義づけがなされている。同法によれば，温泉とは地中から湧出する温水，鉱水および水蒸気その他のガスで，25℃以上で19種類の物質のどれか一つ

	阿蘇火山の例	箱根火山の例
外輪山	俵山・大観峰	金時山・明神ヶ岳・明星ヶ岳・浅間山
中央火口丘	中岳・高岳・烏帽子岳など5岳	駒ヶ岳・二子山・早雲山・神山・台ヶ岳
火口原	阿蘇谷・南郷谷	仙石原
火口原湖		芦ノ湖　　類例：榛名山の榛名湖
火口湖		
火口瀬 (らい)	白川，黒川	早川，雲雲川

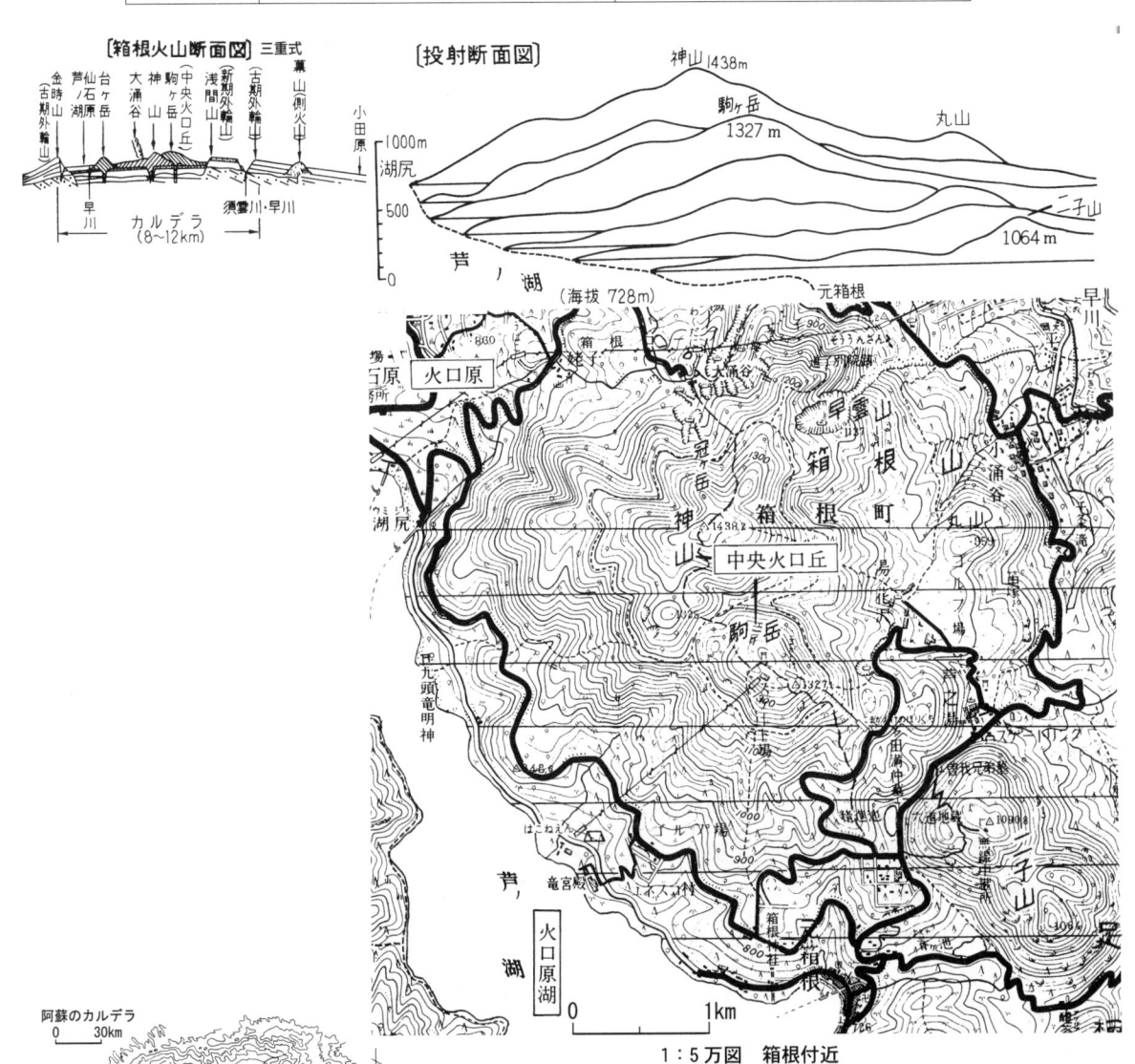

[箱根火山断面図] 三重式

[投射断面図]

1：5万図　箱根付近

阿蘇のカルデラ

噴火警戒レベル

特別警報（噴火警報：居住地域または噴火警報），レベル5：避難，
　　レベル4：避難準備（対象範囲は居住地域およびそれより火口側）．
警報（噴火警報：火口周辺または火口周辺警報），レベル3：入山規制
　　（対象範囲は火口から居住地域近くまで），レベル2：火口周辺規制（対
　　象範囲は火口周辺）．
予報（噴火予報）：レベル1：平常（対象範囲は火口内等）．

(気象庁ホームページより)

日本の温泉分布
(『別府市誌』を著者一部改変)

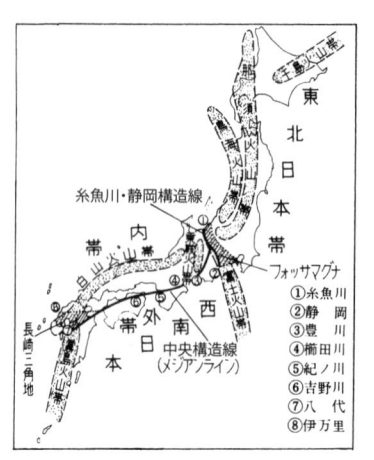

構造区分と火山帯

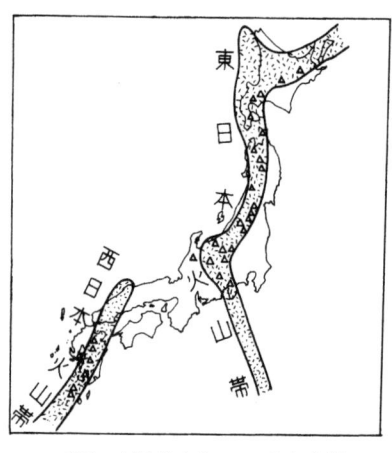

新しく提唱されている火山帯
(杉村新氏による)

でも規定量以上含有されているものをいうとなっている。

温泉は古くから利用されている。貴重な温泉は，天与の資源として，みそぎ湯，湯垢離，宗教面などにも利用されるとともに，疲労回復や体力増強などの目的でも利用された。こうした温泉の効能は，動物が温泉につかって傷などを癒しているのを人間が見かけ，利用するようになったものも多いとされ，「くまの湯」「しかの湯」「つるの湯」などの名称として残っている。

温泉地が湯治場として知られるようになると観光化が進み，脚光を浴びるようになる。とくに戦後（昭和30年代以降）は国民のライフスタイルの変化の中からレジャー産業が生まれ，温泉地がますます栄えるようになった。

(b) **景観（観光業）**

さまざまなスタイルの噴火によって形成された火山は，その地域特有の景観を形成する。現代の我々にとってその姿は，いわゆる"優れた自然景観"として認識されている。環境省による国立公園，国定公園などの指定地域の中に火山地域が多く入っていることがその証拠である（霧島，阿蘇，日光，中部山岳，雲仙）。さらに火山の山麓を利用した農牧業やスキー場等レジャー産業の立地がみられる。

(c) **鉱物資源（硫黄）**

繊維，工業製品やゴム生産等をはじめとする化学工業の発達に伴って，重要な原料の一つである硫黄の需要が高まっている。火山周辺では硫黄が採れるため，その採掘のための鉱山ができている。

(d) **資　源**

新たなエネルギー源としての地熱発電や地熱利用の地域暖房など，火山周辺地域ならではの特性を生かした試みがなされてきている。

Ⅳ　プレートテクトニクス

(1) 大陸漂移説

　ドイツの地球物理学者ウェゲナー（A.Wegener 1880-1930）が，南アメリカ東海岸とアフリカ西海岸を合わせるとほぼ一致すること，両大陸の地質構造がやや同一であることなどから大陸が分離・漂移して2つの大陸ができたとした説。

プレートテクトニクス

　地殻は，マントル流の上に浮上しており，マントル流の上昇・下降する地点では，プレート上の地殻が左右に広がり移動する。地殻の移動は1年に数cmと考えられている。プレート同士がぶつかる地域には，大山脈，海淵（かいえん），海溝などが作られる。プレートが他のプレートに潜り込む地域では，地震帯，火山帯，断層地帯が多い。
　1970年代，この説を利用して大陸移動，地震帯，火山帯の分布などが説明された。

トランスフォーム断層

　プレート同士が横ずれを起こして生じる横ずれ断層。兵庫県南部地震（阪神・淡路大震災）の原因となった。

活断層

　プレートテクトニクスからみれば，日本は東西方向に横圧力・圧縮力を受けている。そのため，この力が強く加わった部分が崩壊し，地層の一部が裂けて移動したものを断層という。新生代第三紀から活動し，現在もその活動がみられる断層を活断層と呼んでいる。

プレートテクトニクスと日本の地形

　日本列島周辺は，太平洋プレート，フィリピン海プレートが東と南から圧力を加えながらユーラシア（アムール）プレートの下に入り込む構造になっている。未だ定説ではないが，ユーラシアプレートが北アメリカプレートの下に入り込む現象がみられるといわれている。

環太平洋地震帯

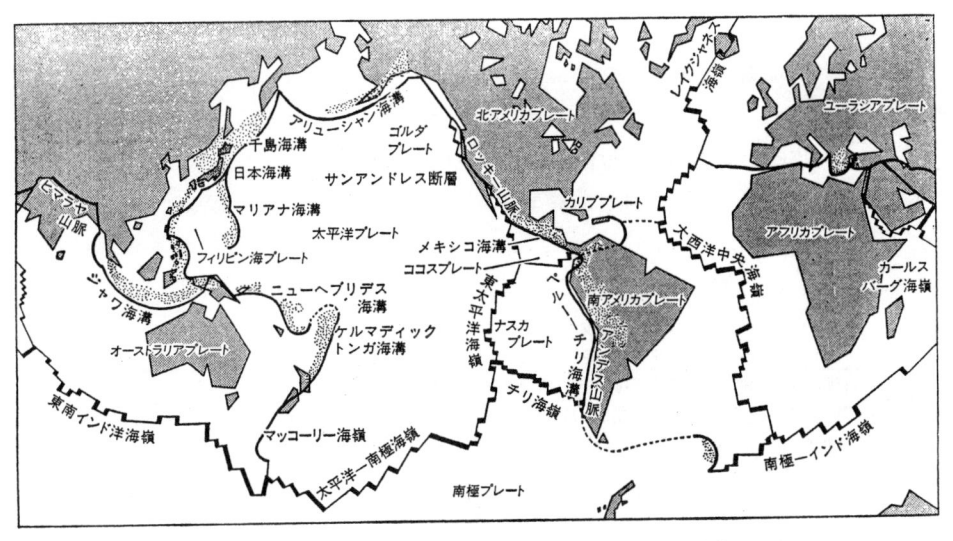

世界の海底地形とプレートの分布（『移動する日本列島』より）

太平洋を取り囲む環太平洋地震帯に存在する日本列島は，この地震帯の西岸に位置している。世界には環太平洋地震帯とユーラシア地震帯という二大地震帯がある。この環太平洋地震帯は環太平洋火山帯と一致している。

(2) 地　震

地震　火山作用によるものと，岩盤に圧力が加わり急激な破壊が起こることによって発生する。岩盤破壊時のエネルギーが地震波となって全方向に放出される。地表に到達した地震波が，我々に地震の発生を知らせることになる。

"地震・雷・火事・親父"怖いものの象徴として，古来日本人が表現してきた言葉である。これらのトップに地震がある。いつ発生するかわからない。ひとたび大きな地震が発生すると，建物被害は言うに及ばず，多数の人命を失う。それほどの大きなエネルギーが常にあることは，やはり一つの恐怖である。

地震発生のメカニズムが見当もつかなかった頃，人々はその原因を「鯰」に置き換え，何とか理屈をつけようとした。今日の我々は，地震がどのような構造で，なぜ発生するのかが知られるようになった。しかし，いつ，どこで，どの程度の規模の地震が発生するのかについては未知である。

江戸地震を起こしたナマズが裁かれている「ナマズ裁判」の図　小田原地震やその他の地震を起こしたナマズが裁かれている様子を他のナマズが見守っている．（『災害の辞典』より）

地震をもっとよく知るために

(a) 発生のメカニズム

岩盤に加わる圧力の原因は，プレートの運動によるものと考えられている。地球表面(リソスフェア)は，いくつかのプレートと呼ばれる岩盤から構成されており，それぞれのプレートは移動し互いに圧力を加えあうので，プレート間に密度の差が生じ，いずれか一方が下に潜り込む現象を起こす。このプレートの押し合いが大きなエネルギーをその部分に内在させる。あるレベルを超えた時点で岩盤の破壊が生じる。これが地震である。

(b) 震源に関する用語

震源とは，前記の岩盤の局部的破壊位置である。位置を記すと"点"のようにイメージするが，なかには"線"あるいは"面"として地震の発生をみることもある。以下，震源に関する用語のうち，よく使われるものを整理する。

震　　央	震源の直上に当たる地表点．
震源距離	震源から観測地点までの最短距離．
震央距離	震央から観測地点までの地表に沿って測った最短距離．
深　　さ	震源から地表面までの距離．通常kmで発表される．
マグニチュード*	「地震の規模」または単に「規模」ともいう．発生した地震全体の大きさを示す指標である．地震計の記録からマグニチュードを求める式があり，これに基づいて発表される．
地震のエネルギー	岩盤にかかった圧力（ひずみエネルギー）が解放される際のエネルギー量．グーテンベルクとリヒターによる研究では，マグニチュードが1ちがうと32倍になると考えられる．したがって，マグニチュード5の地震はマグニチュード4の地震の32個分のエネルギーに相当する．

*マグニチュードが2大きくなると1,000倍.　　　　　　　　　　　　　　　　　（『地震・火山の事典』より）

(c) 震度に関する用語　一つの地震が発生した時，ある地点では大きな揺れとなって甚大な被害となるが，少し離れた地点ではそれほど大きな揺れを観測しないことがある。これは，地質構造等のちが

気象庁震度階級関連解説表

震度は，地震動の強さの程度を表すもので，震度計を用いて観測する．ある震度が観測された場合，その周辺で実際にどのような現象や被害が発生するかを示したのが「気象庁震度階級関連解説表」である．

① 気象庁が発表する地震は，震度計による観測値であり，この表に記述される現象から決定するものではない．
② 震度が同じであっても，対象となる建物構造物の状態や地震動の性質によって，被害が異なる場合がある．この表では，ある震度が観測された際に通常発生する現象を記述しているので，これより大きな被害が発生したり，逆に小さな被害にとどまる場合もある．
③ 地震動は，地盤や地形に大きく影響される．震度は，震度計が置かれている地点での観測値だが，同じ市町村であっても，場所によっては震度が異なることがある．また，震度は通常地表で観測しているが，中高層建物の上層階では，一般にこれより揺れが大きくなる．
④ 大規模な地震では長周期の地震波が発生するため，遠方において比較的低い震度であっても，エレベーターの障害，石油タンクのスロッシングなどの長周期の揺れに特有な現象が発生することがある．
⑤ この表は，おもに近年発生した被害地震事例から作製したものであり，今後新しい事例が得られたり，構造物の耐震性の工場などで実態と合わなくなった場合には，内容を変更することがある．

※気象庁で使用されているものの他に，欧米で広く使用されている改正メルカリ震度階級と，東欧を中心に使用されているMSK震度階級がある．ユネスコは，M・S・K震度階級の普及に努めている．

気象庁震度階級関連解説表（1949年）

震度階級	人 間	屋内の状況	屋外の状況
0 無震	人は揺れを感じない．		
1 微震	屋内にいる人の一部が，わずかな揺れを感じる．		
2 軽震	屋内にいる人の多くが，揺れを感じる．眠っている人の一部が，目を覚ます．	電灯などのつり下げ物が，わずかに揺れる．	
3 弱震	屋内にいる人のほとんどが，揺れを感じる．恐怖感を覚える人もいる．	棚にある食器類が，音をたてることがある．	電線が少し揺れる．
4 中震	かなりの恐怖感があり，一部の人は，身の安全を図ろうとする．眠っている人のほとんどが，目を覚ます．	つり下げ物は大きく揺れ，棚にある食器類は音をたてる．座りの悪い置物が，倒れることがある．	電線が大きく揺れる．歩いている人も揺れを感じる．自動車を運転していて，揺れに気づく人がいる．
5弱	多くの人が，身の安全を図ろうとする．一部の人は，行動に支障を感じる．	つり下げ物は激しく揺れ，棚にある食器類，書棚のが落ちることがある．座りの悪い置物の多くが倒れ，家具が移動することがある．	窓ガラスが割れて落ちることがある．電柱が揺れるのがわかる．補強されていないブロック塀が崩れることがある．道路に被害が生じることがある．
5強	非常な恐怖感を感じる．多くの人が，行動に支障を感じる．	棚にある食器類，書棚の本が多く落ちる．テレビが台から落ちることがある．タンスなど重い家具が倒れることがある．変形によりドアが開かなくなることがある．一部の戸が外れる．	補強されていないブロック塀の多くが崩れる．据付が不十分な自動販売機が倒れることがある．多くの墓石が倒れる．自動車の運転が困難となり，停止する車が多い．
6弱	立っていることが困難になる．	固定していない重い家具の多くが移動，転倒する．開かなくなるドアが多い．	かなりの建物で，壁のタイルや窓ガラスが破損，落下する．
6強 強震	立っていることができず，はわないと動くことができない．	固定していない重い家具のほとんどが移動，転倒する．戸はずれて飛ぶことがある．	多くの建物で，壁のタイルや窓ガラスが破損，落下する．補強されていないブロック塀のほとんどが崩れる．
7 激震	揺れにほんろうされ，自分の意志で行動できない．	ほとんどの家具が大きく移動し，飛ぶものもある．	ほとんどの建物で，壁のタイルや窓ガラスが破損，落下する．補強されているブロック塀も破損するものがある．

建造物・ライフライン・地表面

震度階級	木造建物	鉄筋コンクリート建物	ライフライン	地盤・斜面
5弱	耐震性の低い住宅では,壁や柱が破損するものがある.	耐震性の低い建物では,壁などに亀裂が生じるものがある.	安全装置が作動し,ガスが遮断される家庭がある.まれに水道管の被害が発生し,断水することがある.[停電する家庭もある.]	軟弱な地盤で,亀裂が生じることがある.山地で落石,小さな崩壊が生じることがある.
5強	耐震性の低い住宅では,壁や柱が破損したり,傾くものがある.	耐震性の低い建物では,壁,梁（はり）,柱などに大きな亀裂が生じるものがある.耐震性の高い建物でも,壁などに亀裂が生じるものがある.	家庭などにガスを供給するための導管,主要な水道管に被害が発生することがある.[一部の地域でガス,水道の供給が停止することがある.]	
6弱	耐震性の低い住宅では,倒壊するものがある.耐震性の高い住宅でも,壁や柱が破損するものがある.	耐震性の低い建物では,壁や柱が破壊するものがある.耐震性の高い建物でも壁,梁（はり）,柱などに大きな亀裂が生じるものがある.	家庭などにガスを供給するための導管,主要な水道管に被害が発生する.[一部の地域でガス,水道の供給が停止し,停電することもある.]	地割れや山崩れなどが発生することがある.
6強	耐震性の低い住宅では,倒壊するものが多い.耐震性の高い住宅でも,壁や柱がかなり破損するものがある.	耐震性の低い建物では,倒壊するものがある.耐震性の高い建物でも,壁や柱が破壊するものがかなりある.	ガスを地域に送るための導管,水道の配水施設に被害が発生することがある.[一部の地域で停電する.広い地域でガス,水道の供給が停止することがある.]	
7	耐震性の高い住宅でも,傾いたり,大きく破壊するものがある.	耐震性の高い建物でも,傾いたり,大きく破壊するものがある.	[広い地域で電気,ガス,水道の供給が停止する.]	大きな地割れ,地すべりや山崩れが発生し,地形が変わることもある.

※ライフラインの［　］内の事項は,電気,ガス,水道の供給状況を参考として記載したものである.

いによって生じる差異である。震度は、それぞれの地点における計測震度計のデータに基づいて発表される（かつては、観測員の体感で発表していた）。

震源地の決め方

地震の震源地から振動する波には、各観測点に先に到達するP波と後から伝わるS波がある。S波は、震源から離れた観測地点ほど長くなる。これを利用して震源までの距離を求める。

地震波

P波……最初の波（初期微動）波の進行方向と同じ方向に振動する縦波。地表付近の岩石中を伝わる速度は5～7km／秒

S波……2番目の波（主要動）波の進行方向と直角方向に振動する横波。地表付近の岩石中を伝わる速度は3～4km／秒

（大森式）

P波の平均速度V_p（km／秒）,S波の平均速度V_s（km／秒）,観測点から震源までの距離L（km）,P－S＝初期微動継続時間をT（秒）とすると,

日本のおもな地震

年月日	地震名	震央	M	死者	その他
418/07/14	河内国地震	大阪府？	？	？	記録に残る最古の地震
684/10/14	紀伊水道沖地震	四国 — 紀伊半島沖	8.3？	多数	何回地震，大津波
887/07/30	五畿七道大地震	四国 — 紀伊半島沖	8.3？	多数	
1099		四国 — 紀伊半島沖	8.0？	？	大津波
1185/07/09	京都大地震	京都府・滋賀県	？	多数	
1293/07/13	鎌倉大地震	神奈川県南部	？	20,000？	
1605/12/26	慶長地震	本州南岸沖	8.0？	多数	
1703/11/23	元禄関東地震	房総半島沖	8.1？	5,200	
1707/10/28	宝永地震	駿河湾 — 四国沖	8.4？	2,800	日本史上最大と思われる
1847/03/24	善光寺地震	長野県北部	7.4	10,000？	
1855/10/02	安政江戸地震	東京都	6.9	11,000？	
1896/06/15	明治三陸地震津波	岩手県沖	8.0？	27,000	日本最大の津波被害
1923/09/01	関東大地震	神奈川県 — 相模湾	7.9	140,000	関東大震災（日本災害史上最高）
1933/03/03	三陸地震津波	岩手県沖	8.1	3,100	
1944/12/07	東南海地震	三重県沖	7.9	1,200	
1952/03/04	十勝沖地震	北海道南東沖	8.2	33	
1965/08〜	松代群発地震	長野県北部		0	1970年ごろまで続く
1995/01/17	兵庫県南部地震	淡路島北部	7.2	6,400	
2000/10/06	平成12年鳥取県西部地震	鳥取県西部	7.3	0	
2001/03/24	平成13年芸予地震	瀬戸内地方西部	6.4	2	
2003/09/26	平成15年十勝沖地震	十勝沖	8.0	1	
2004/10/23	平成16年新潟県中越沖地震	新潟県中越地方	6.8	67	
2005/03/20	福岡県西方沖地震	福岡県玄海島	7.0	1	
2011/03/11	東北地方太平洋沖地震	東北地方太平洋沿岸地域	9.0	19,418	津波は9.3m以上
2016/04/14	熊本地震	熊本県	7.3	154	

（『理科年表』『地震・火山の事典』に加筆）

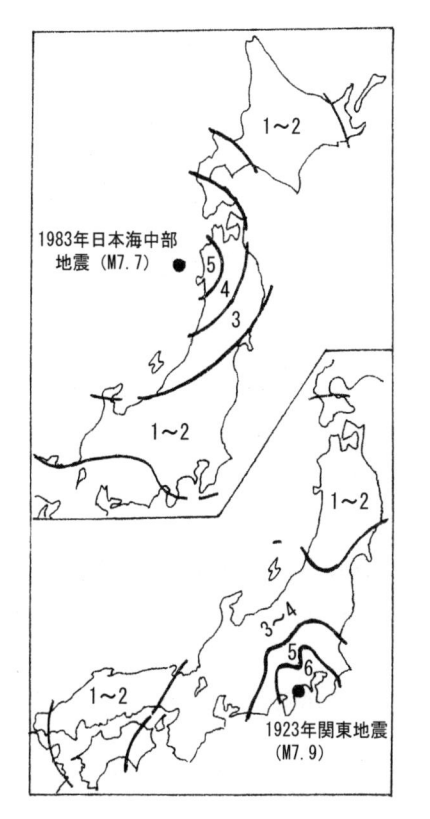

$$T = \frac{L}{Vs} - \frac{L}{Vp} \qquad L = \frac{VpVs}{Vp-Vs} \cdot T$$

となる。Vp，Vsの値は，地域によって一定ではないが，平均的な値Vp＝5(km／秒)，V₃＝3(km／秒)を代入すると，L＝7.5Tという式が得られる。地震を3地点で観測して円を描き，それが交わるところが震源である。

関東地震と日本中部地震の震度分布図

地震の震度を地図上に表わしたものを震度分布図，震度別に表わした線を等震度線という。

等震度線は震央を中心にして同心円的に表わしたもの。実際には観測点の地盤の強弱，地震波の地域差，震源から放出される地震波エネルギーの方向性などにより，変形した同心円になる。震源の深い地震は，ほとんどの場合特異な震度分布となる。震度と震央距離の関係は単純ではないが，震度分布の広がりは地震の大きさに正比例するので，その分布から地震の規模を知ることができる（勝又 護：『地震・火山の事典』東京堂出版より）。

V 気候と気象

(1) 気候要素と気候因子
地理的分布に影響を与える原因

〔気候要素*〕(Climatic element)　←　〔気候因子**〕(Climatic factor)〔気候型〕

〔気候要素〕	定　　義
気　温	空気の温度（℃または°Fで表示）
気　圧	大気の密度（hPa）
風（風速・風向）	一定時間に空気塊が移動した距離風の吹いてくる方法16方位（m/s）
降　水	雨・雪その他の変形物が地面に降下するもの（mmまたはinch）
相対湿度***	空気中の水蒸気量のその温度における飽和量に対する割合（％）
蒸　発	水面から水が水蒸気になる過程（mmまたはinch）
雲　量	天空を水平方向におおう雲の総面積の全天に対する割合（0～10）
日　照	日照計によって求められた太陽の照射する時間（時間）

〔気候因子〕　〔気候型〕　（→気候区）

- 緯　度　　　季節風
- 海抜高度
- 水陸の配置 → ｛大陸気候／海洋気候・海岸気候｝
- 海岸からの距離
- 地　形　　　砂漠気候
  - とくに降水分布を複雑化する　山岳気候と高山気候（アルプス気候）
- 位　置 → ｛東岸気候　アジア・北米大陸の東部／西岸気候　ヨーロッパ・北米大陸の西部｝
- 北半球の大陸で東岸と西岸
- 海　流
- 植　生
- 人工的因子 → 都市気候
- 建物・人口数
- 大気の汚染

＊気候要素……気候を形成する大気の性質を平均化したものを気候要素という．主として気温・降水量・風（3要素）湿度・日射・日照などがあげられる．

＊＊気候因子……気候要素に影響を与える地理的要因を気候因子という．緯度・海抜高度・水陸の分布・海流・地形などがあげられる．

＊＊＊ 相対湿度 $= 100 \times \dfrac{その温度の水蒸気量}{その温度の飽和水蒸気量}$

(2) 気　温

日変化―日較差……1日の最高気温と最低気温の差．記録；ブラウニング 55.6℃（最高 6.7℃,最低 －48.9℃）（アメリカ合衆国・モンタナ）(1916.1)

年変化―年較差……月平均気温で最高月と最低月の差．記録；オレクミンスク（ロシア・シベリア）105℃（最高 45℃,最低－60℃）　高緯度ほどまた海岸から内陸に向かうほど増大する．

気温の減率（逓減率）……高度100 mについて0.55℃（0.4～0.7℃）ずつ気温が低下．（ただし,乾燥大気では1.0℃）山地の植生が大きく変化するのはこのことに起因する．

気温の極値

最高気温→バスラ（イラク）：58.8℃（1921.7）,熊谷（日本）：41.1℃（2018.7）

最低気温→ボストーク（南極大陸ロシア基地）：－88.3℃（1960.8）,旭川（日本）：－41.0℃（1902.1）

年平均気温の最高値→マッサク（エチオピア）：30℃

月平均気温……毎月の平均気温をその月ごとに平均したもの．夏・冬の気温の差や地域の特徴を調べるのに利用する．

年平均気温……1月～12月までの月平均気温を平均したもの。地域の気候環境を調べるのに便利。
気温の海面更正……気温を比較する場合、海抜高度を同一にするため以下の式によって修正する。

$$T + \frac{0.5 \times H}{100} = 海面更正気温 \qquad T: ある地点の気温, H: ある地点の海抜高度$$

等 温 線……同じ気温の地点を結んだもの。海面更正した値と現地測定した値をそのまま結んだものがある。前者は世界・アジアなどの大気候を調べる際などに用い、後者は地形状態、市街地の気温の比較など気候因子の局地性を調べる際などに用いる。

気　　圧……大気は地球に引き寄せられ、地表面は大気の重みを受け大きな圧力を示す。これを大気の圧力すなわち気圧という。気圧の単位は（hPa；ヘクトパスカル）で示す。
　　0℃1気圧の状態が標準気圧。1気圧1hPa。気圧760mmは1,013 hPa。
　　気圧 = $13.596 \times 980.6 \times 76 = 1,013 \times 10^3 dyne/cm^3 = 1013.25$ hPa
　　$13.596 g/cm^3$……0℃の水銀密度　980.6gal（ガル）…重力の加速度　760mm水銀の高さ
　　地表での気圧……地上の単位面積1cm^{2}にかかる大気の重力
　　1hPaは、1cm^{2}に1,000ダインの力が加わること。地表の気圧 = 1,000 hPa前後であるから、1cm^2 = 10^6ダイン前後の力が加わる。

断熱変化……熱の出入りのない条件のもとで、気体に状態変化を起こさせることを断熱変化という。気体は上昇すると膨張する。膨張するために仕事をする。その仕事の量だけエネルギーを失い、気体の温度が下がる。これを断熱膨張（断熱冷却）という。また、気体が下降すると圧縮される。膨張の場合とは逆に気温が上がる。これを断熱圧縮（断熱上昇）という。
　　一般的に湿潤（湿度100％以上）の場合、空気が100m上昇すると気温は0.5℃下がり、乾燥（湿度100％以下）している場合は1℃下がる。下降する際には、湿潤時は0.5℃上がり、乾燥時は1℃上がる。

(3) 降　　水
降水量の分布
①一般的に赤道地域に最も多く、極に向かって減少する。
②最も少ないのは中緯度高圧帯（無風帯）の部分である。
③それぞれの地方では、風向きに対する地形の影響が大きく、とくに海側からの卓越風に面した斜面で著しい。
④中緯度以南の海岸地帯では、移動性熱帯低気圧（台風）による雨が多い。

〔年降水量〕
・チェラプンジ（インドのアッサム地方）26,461.2 mm（1860.8～1861.7）
・大台ヶ原（三重）8,214.2 mm

〔補　説〕気象と気候のちがい
　気象：地球大気の状態、すなわち天気にみられるさまざまな物理現象であり、晴・曇・雨・雪・風・寒・暑などの諸現象のすべてを指す。（気圏の現象）
　気候：それぞれの土地に固有で、長年にわたる気象観測で得られた気温・降水などの平均状態をいう。

降雨の種類

①地形性降雨（フェーン）

地形の起伏と気流の変化により生ずる。湿った気流は，山地に沿って上昇すると断熱作用で急速に冷却し，山腹・山頂付近で降雨となる。山頂を越えると反対側の地域では乾燥した大気が下降して気温を上昇させる。

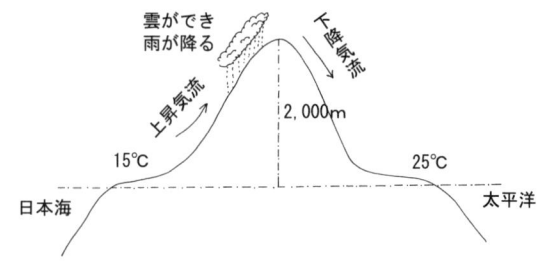

フェーン現象（著者原図）

大気の湿度が100%以上であると，100 mにつき0.5℃下がる．2,000 m上昇すると10℃下がる．そのため山頂の気温は5℃になる．上昇するとき雨を降らしているので，下降する場合は乾燥し，湿度が100%以下になり，100 mにつき1℃気温が上昇する．2,000 m下降すると20℃に気温が上昇する．20℃と山頂の気温が5℃であるから，全体では25℃になり，気温が高く乾燥した空気になる．

②低気圧性降雨（台風）

回帰線付近（緯度5～25°の間）にできた低気圧が，地球の自転と偏向力によって大きくなり，高圧気団の渕を多量の降雨と風速（17.3 m/s以上の暴風）を伴いながら急速に移動する。

③前線性降雨（梅雨）

寒暖両気団の勢力があまりかわらず，ほとんど停滞している状態の時に起こる降雨（停滞前線）。

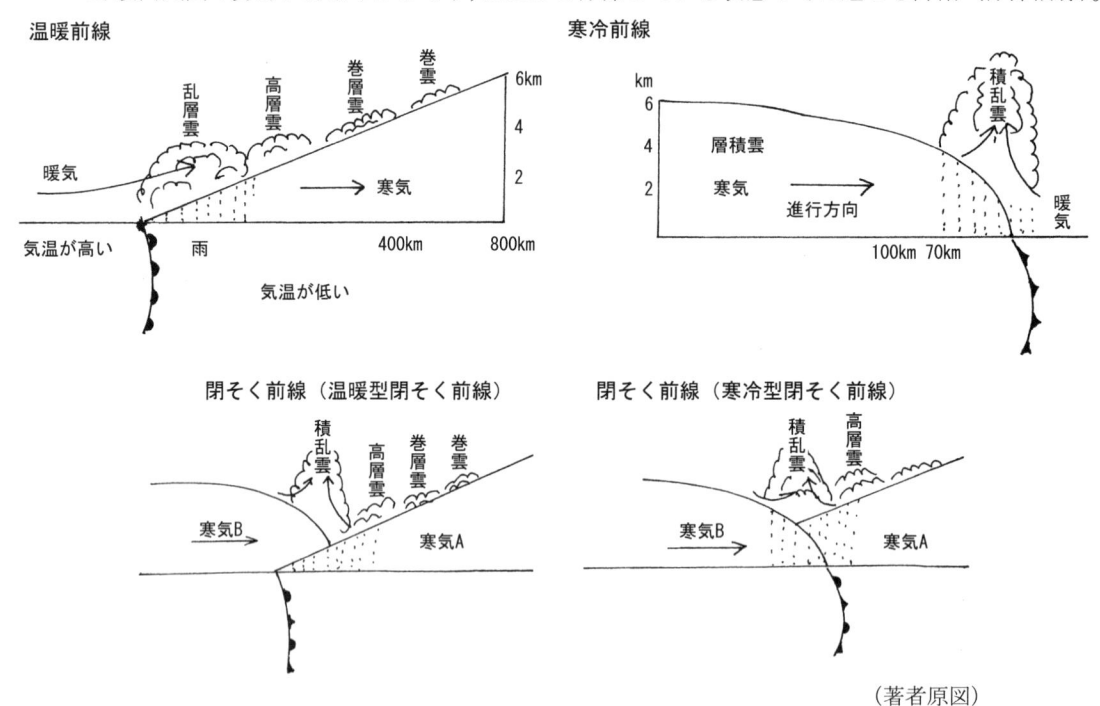

（著者原図）

④対流性降雨（スコール）

大気の対流作用による降雨で，日中強い日射による暖空気の急速な上昇・急速な断熱作用による冷却の結果降雨となる。夕立。

〔補　説〕雪の溶解を降雨量に換算すると，1日10 cm解ける場合50 mmの降雨量に相当する。

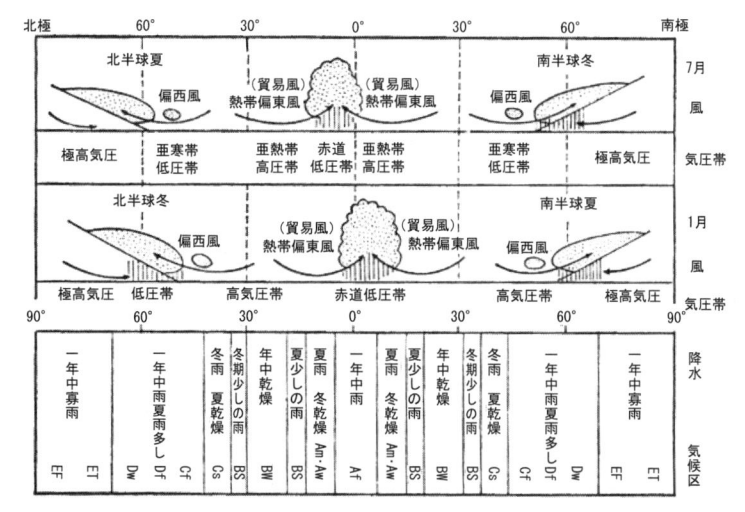

前線帯の位置の年変化と降水の年変化——気候区との関係
季節的に太陽とともに，全体として南北方向に移動する．

地球上の気圧分布

①赤道低圧帯（熱帯前線帯）

太陽のエネルギーを大量に受ける赤道付近は，大気が暖められて上昇気流が生ずる。上昇した大気は，断熱作用と地球の自転と偏向力により中緯度・高緯度に向かって移動する。そのため，赤道付近は低圧帯が生ずる。また，南東・北東貿易風がこの赤道付近で収束形成（熱帯収束帯）し，定風がない風が生じるため，熱帯無風帯ともいう。

②亜熱帯高圧帯（中緯度高圧帯）

赤道付近から移動してきた大気の一部が，回帰線（23°30′）付近で下降する。その結果，中緯度高圧帯が生ずる。風向は一定しない微風地域で，地表は晴天・乾燥地になる。ここから低緯度に向かって貿易風，高緯度に向かって偏西風がみられる。

③亜寒帯低圧帯

偏西風と極風の収束する地域で，温帯低気圧がよく発達する。収束してできた前線を寒帯前線（ポーラフロント）という。上空にジェット気流がみられる。北半球はアリューシャン低圧帯とアイスランド低圧帯に分かれる。

④極高圧帯

北極・南極の高圧帯で，赤道から移動してきた大気は，ここで集積される。下降した大気は，寒冷乾燥で，ここから亜寒帯低圧帯に向かって極東風が吹き出す。60°付近で偏西風と接触し，極前線（寒帯前線）が生ずる。北極は各大陸に囲まれているため，複雑な形で広がっている。

〔補説〕摂氏目盛

華氏目盛Fと摂氏目盛Cとの間には　C=5/9(F-32)　の関係がある。1927年に国際度量衡総会において協定した。1742年スウェーデンのセルシウスの提案したのが摂氏目盛の起源とされる。

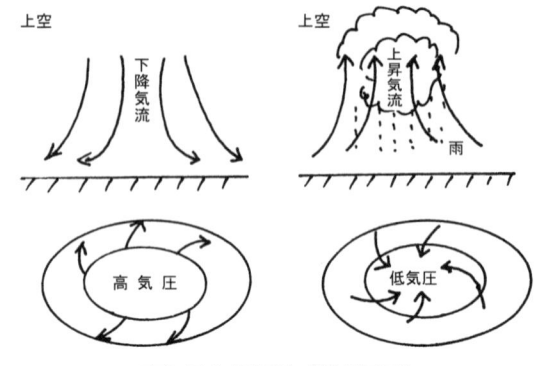

高気圧と低気圧（著者原図）
高気圧，低気圧の風向は，北半球と南半球では反対になる．

低気圧
周りの気圧に比べて気圧が低くなっているところを低気圧という．一般には，太陽に熱せられた空気が上昇することにより，地表面の空気密度が疎となり低圧部が生ずる．この低圧部に高圧部から流れ込む2つの大気が接触することで不連続面が生じ，降雨をもたらす．

高気圧
周りの気圧に比べて気圧が高くなっているところを高気圧という．太陽によって熱せられた空気が上昇し，断熱作用で冷却され地上に降下することによって大気が集積され，大気の密度が高くなる．高気圧は，晴天の原因になる．

(4) 風

大気の大循環

①惑星風

(a) **貿易風（熱帯偏東風）**＊：赤道付近で暖められた大気が上昇し，極地方に向かう時，一部が南北緯度30°付近で断熱作用を受けて下降し，亜熱帯（中緯度）高圧帯をつくる．地球の自転と偏向力で亜熱帯から低緯度に向けて一定の方向に吹く風を貿易風という（北半球では北東風，南半球では南東風）．この風を利用して貿易船が航行した．

(b) **偏西風**：亜熱帯高圧帯から極地方に向かって，地上では緯度30〜60°付近を吹く風．地球の自転と偏向力により，北半球は南西風，南半球は北西風になる．ただし，偏西風の風速や位置は，季節によって移動する．

(c) **極偏東風**：極地方の高圧帯から吹き出す東風で，正確なことは不明である．

（＊貿易風はTrade windの直訳または誤訳である．Blow tradeは絶えず一定方向に風が吹く

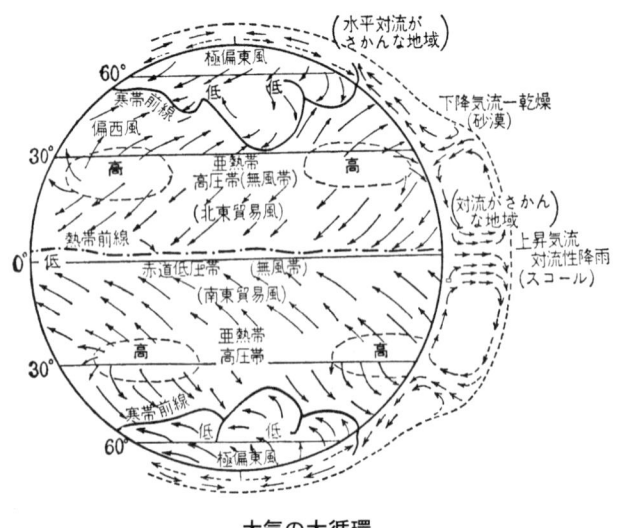

大気の大循環

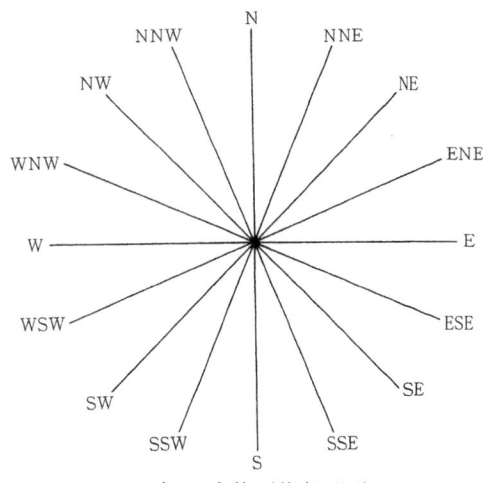

風向16方位（著者原図）

意味で，これから出た言葉であると考えられ，「恒信風」あるいは「恒常風」の訳が適当である。専門的には熱帯偏東風と呼ぶ。）

②**季節風（モンスーン）**

モンスーン（monsoon）はアラビア語のmausim（季節）という言葉が起源であるとされる。

モンスーンの原因として従来は，大陸と海洋の熱的原因で夏・冬両者間の気圧配置の関係が逆になることにより，風向が夏と冬でほぼ反対になると説明されてきたが，それだけが原因ではないようで，惑星風の季節的南北移動と結びつけて考える人もいる（風向の変化が緯度に平行な帯状分布を示すから）。季節的交代の原因はもっと複雑である。

③**熱帯低気圧**

緯度5〜20°の熱帯地方の海洋上で発生する低気圧。激しい暴風雨を伴うもの。

④**移動性熱帯低気圧の名称**

発生した場所や通過する地域によって名称が異なる。

北半球	ハリケーン (hurricane)	西インド諸島のカリブ海やメキシコ湾の海上で発生するため，水蒸気を多く含む．7月から9月頃，アメリカ合衆国沿岸部に大きな被害を与える．
	サイクロン (cyclone)	インド洋のベンガル湾で発生する．
	台風 (typhoon)	赤道付近で発生する．フィリピン付近ではバギオ (baguio) と呼ばれ，中国・日本では台風と呼ばれる．
南半球	ウィリーウィリー (willy-willy)	チモール海からオーストラリア北西部にかけて被害をもたらす．

ビューフォード風力段級

階級	風速	陸上	海洋
0	0〜0.2	煙がまっすぐ昇る	鏡のような海面
1	0.3〜1.5	煙がなびく	さざなみが起こる
2	1.6〜3.3	顔に風を感じ，木の葉が動く	小波（波頭は滑らか）
3	3.4〜5.4	細い枝が動き，旗が開く	小波（ところどころ白波）
4	5.5〜7.9	砂埃が立ち，小枝が動く	白波がかなり多い
5	8.0〜10.7	細い木が揺れ，池に波頭ができる	中位の波（たくさんの白波）
6	10.8〜13.8	大枝が揺れ，傘が差しにくい	大きな波，しぶきが出来る
7	13.9〜17.1	樹が揺れ，風に向かって歩きにくい	波頭にできた白い泡が筋になる
8	17.2〜20.7	小枝が折れ，風に向かって歩けない	波頭が砕け，水煙
9	20.8〜24.4	瓦が剥がれ，煙突が倒れる	大波，波頭が崩れ落ちる
10	24.5〜28.4	樹が根こそぎ折れ，人家に大きな被害	高い大波，海面は真っ白
11	28.5〜32.6	まれに起こるような被害	山のような波，水煙で視界悪化
12	32.7〜		しぶきでほとんど視界なし

※ 風速17.2m/s以上を暴風という．日本でみられた最大強風は，85.3 m/s（宮古島，1996年5月）．

（『人間をとりまく自然と環境』より）

台風

① 台　風

　熱帯地方の海上（5〜20°）で発生する熱帯低気圧の一種であり，域内の最大風速が17.2 m/s（34ノット以上，風力8以上）に達したものを台風という。一般に海水の温度が25〜27℃の時，発生することが多い。

※主として①カロリン，マリアナ，マーシャル群島付近の海上，②オーストラリアのクインズランドからツアモツ諸島の洋上，③西インド諸島，メキシコ湾，フロリダ半島付近の洋上，④インドのベンガル湾とアラビア海付近の洋上，⑤マダガスカル島東方洋上，モーリシャス島，レユニオン島付近の洋上で発生する低気圧。

② 台風の構造

　台風の上層雲は，高さ6〜10 km程度に達し，半径100〜500 kmに及ぶ。中心に半径10〜100 kmの目（台風の目）をもっている。目の周囲には背の高い積乱雲があり，激しい上昇気流がある。大きな台風ほど中心の気圧が低く，風も強くなる。日本での台風による最大瞬間風速の記録は，

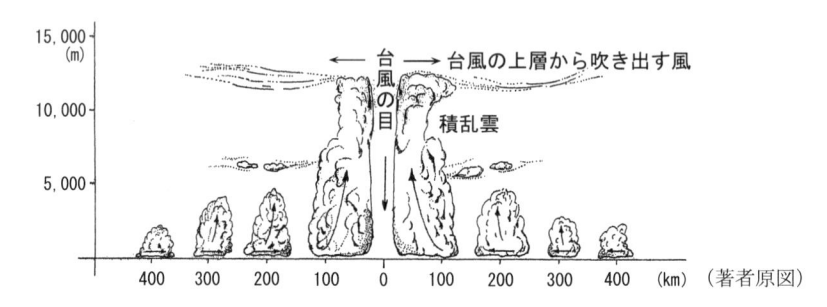

久米島62.8 m/s（2007.9, 11号），宮古島85.3 m/s（1996.5）などがある。

③ 台風の気圧と風

　台風が発生している時の気圧分布をみると，等圧線がほぼ円形で，その間隔は中心に近くなるほど接近して密になる。これは，中心に近づくに従って気圧の傾度（気圧差）が大きくなることををを示しており，そのため風速も大きくなる。しかし，中心部（台風の目）では無風状態になり，雲が切れて雨は止む。昼間なら太陽が射して青空が見える。

　台風の風は北半球では反時計回りに吹く（南半球では時計回り）。この場合，台風の進行方向に向かって右側は左側の約1.5倍の強風が吹いており，危険半円と呼ばれる。また，台風は地上約4,000〜6,000 mの高さまで達し，地上では強風となる。風速が30 mを超えると，建物に被害が出る。風の破壊力（風圧）は風速の2乗に相当するので，風速50 mの場合は面積1 m²に対して250 kgとなり，体重60 kgの人間が4人乗った重さに相当する。

④ 台風の進路

　台風は，空気の渦巻きであり大気の上層を流れる一般流に押されて進む。台風が熱帯地方にある場合は，貿易風（偏東風）によって北西に進むが，亜熱帯高圧帯（沖縄付近）に達すると偏東風の影響が弱まり停滞する。その後は中緯度の偏西風帯の風によって東寄りに進路を変え，日本列島南部で北上する。

　日本付近を通過した台風は，さらに東へ進むが，勢力が衰えて暴風域がなくなり温帯低気圧に

変わる場合もある。このように熱帯地方の洋上で発生した台風は，上空の風の影響を受けながら全体として放物線に近い経路を描いて進んでいく。

昭和の三大台風：室戸台風（1934年9月），枕崎台風（1945年9月），伊勢湾台風（1959年9月）

海風・陸風

海岸地方では，水陸の比熱の差により，昼は海から陸へ吹く風を海風という。その反対に，夜は陸から海へ吹く風を陸風という。陸は海より早く暖まる。その得た熱を失うのも早い。海は陸に比べて暖まりにくいが，夜の放熱もおそい。この2つの風の交代時は，比熱の均衡が保たれ無風状態になる。これを朝凪・夕凪という。この現象は，熱帯地方ではよくみられるが，温帯地方は夏にみられる。

山風・谷風

夜は山から谷間・平地に吹き下ろす風がみられる。これを山風という。日中，大気が暖められ，上昇気流が起きる。そのとき，谷間・平地から山腹・山頂に向かって大気が移動する。この風を谷風という。

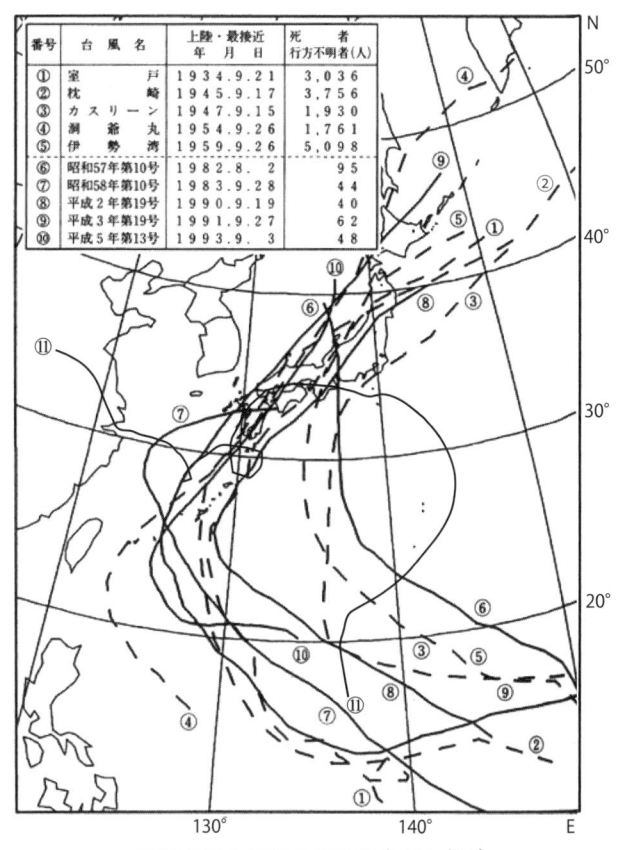

顕著台風と近年のおもな台風の経路
図中⑪は東から西へ移動した特異な台風12号（2018）の経路
（『理科年表 2005年版』に筆者加筆）

番号	台風名	上陸・最接近年月日	死者行方不明者(人)
①	室戸	1934.9.21	3,036
②	枕崎	1945.9.17	3,756
③	カスリーン	1947.9.15	1,930
④	洞爺丸	1954.9.26	1,761
⑤	伊勢湾	1959.9.26	5,098
⑥	昭和57年第10号	1982.8.2	95
⑦	昭和58年第10号	1983.9.28	44
⑧	平成2年第19号	1990.9.19	40
⑨	平成3年第19号	1991.9.27	62
⑩	平成5年第13号	1993.9.3	48

ジェット気流

偏西風と極偏東風が接する付近で，上空5～15 kmを西から東へ蛇行しながら風速50～60 m/sで流れる気流。夏は緯度40～50度付近を流れるが，風力は弱い。冬は30～40度付近を流れ風力は強い。ジェット気流は梅雨との関係が深い。ジェット気流が弱まると梅雨が明ける。日本からアメリカに向かう航空機は，この気流を利用しながら運行している。

オゾン層

大気の構造は，対流圏，成層圏，電流圏に分けられる。この成層圏にオゾンの多いところがある。一般には，地表付近ではオゾン量が少ないが，高さとともにオゾン量が増加し，20～25 km付近で多くなる。それより上空は次第に減少する。

地上30～50 kmの成層圏のオゾン（O_3）が極端に薄くなっているところが存在すると，1973年，日本の南極観測隊が公表した。オゾン層の破壊原因としてフロンガスの大量使用があるといわれている。オゾン層が破壊されると地上の大気の温度が上昇し，氷雪地帯の溶解作用が促進され，海面上昇が起き，一部の地域に海面下の状態が生ずる。また，有害紫外線が大量に人体に放射され，悪影響が生ずるといわれている。

局地風

特定の地域に吹く特有な風で，地方ごとに固有の呼び名をもつ。多くは地形の影響を大きく受けた風で，異常な天候をもたらしたり，災害を起こしたりする。

〔日本の局地風〕

おろし（六甲おろし，那須おろし，秩父おろし，筑波おろし，赤城おろし：上州のからっ風）。

やませ（山背：初夏に三陸地方に吹く冷たい北東風。また，晩春に函館付近に吹く南東風。冷害をもたらす）。清川だし（庄内平野に最上川の峡谷から吹き降ろす冷たい東よりの強風。6月頃に最も多い）。ルシヤ風（知床半島おろし）。オロマップ風（日高山脈南

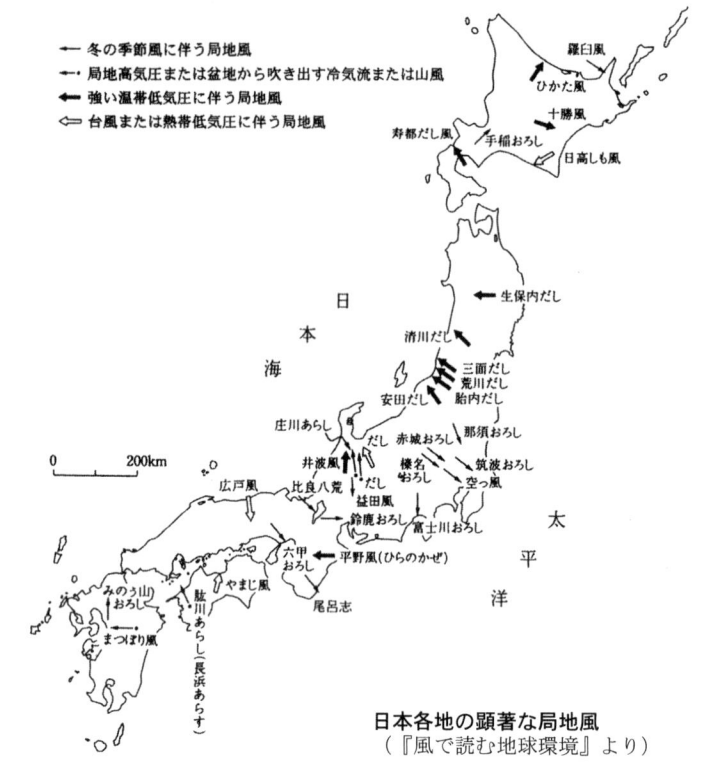

日本各地の顕著な局地風
（『風で読む地球環境』より）

世界の主要な局地風

特　性	名　称	地　域・風　向
高温乾燥の風（フェーン型）Foehn	フェーン　Foehn チヌック　Chinook サンタ・アナ　Santa Ana ゾンダ	ヨーロッパ・アルプスを吹きおりる ロッキー山脈の東麓に吹きおりる西風 南カリフォルニア沿岸に吹く東〜北東風 アルゼンチン西部の強い西風，春に多い
寒冷・乾燥の風（ボラ型）Bora	ボラ　Bora ミストラル　Mistral レバンテ　Levante ノーサー　Norther パンペロ　Pampero	アドリア海に吹く冷たい北東風 フランスのローヌ川峡谷から，地中海に吹きだす北風 スペインの地中海沿岸 冬，メキシコ湾沿岸に吹く北風 南アメリカのパンパス草原に吹き荒れる西〜南西風
砂じんやほこりの多い乾熱風（シロッコ型）Scirocco	シロッコ　Scirocco カムシン　Khamsin ハブーブ　Haboob ハルマッタン　Harmattan ギブリ ダストデビル スホベイ シャマール ブリックフィールダー　Brickfielder 華北の砂あらし（バイ）	冬から春にかけてサハラ砂漠から地中海（イタリア南部，シチリア島）に吹きだす南〜南東風 紅海沿岸やエジプトに吹く，夏カイロに多量の砂をもたらす南風 ナイル川上流のスーダン北部に吹く砂じんあらし，冬は北風，夏は南〜南東風 冬，ギニア沿岸にサハラ砂漠から吹く乾いた東風 トリポリ地方へ吹く南風 インドなどに吹く一種の砂あらし，南アフリカでもいう 中央アジアの砂漠からアラル海，カスピ海，ボルガ川方面一帯の広い地域に吹く乾南風（6月を中心に春，夏に多い） チグリス・ユーフラテス川流域やペルシア湾に吹く北西風 オーストラリアのサンジー砂漠から吹き出す，北よりの熱風 モンゴル砂漠の砂や黄河流域の乾いた黄土をまき上げる強い砂あらし，春に多く，日本に「黄砂」をもたらす
吹雪を伴う風	ブリザード　Blizzard ブラーン　Buran	北アメリカやカナダに吹く吹雪を伴った北〜北西の強い寒風 南ロシアの北東部やシベリア一帯に吹く雪あらし

（福井英一郎『気候学』より）

麓の北風)。益田風(ました)(冬,岐阜県下,益田川沿いに吹き降りる北よりの強風)。比良八荒(ひらはっこう)(琵琶湖西岸に比良山系から吹き降ろす西よりの強風)。平野風(奈良・三重県境にある高見山の西麓に吹く東よりの風)。広戸風(岡山県北東部の那岐山(なぎのせん)南麓に吹く強風)。四十日風(夏,鳥取県の夜見ヶ浜に吹く南風。吹き続くと干ばつが起こる)。やまじ(愛媛県の東部,川之江・伊予三島・土居の付近へ春・秋のころ吹き降ろす南の強風)。まつぼり風(「まつぼり」とは余分の意。阿蘇の火口原にたまった冷気が熊本平野に吹きだすもの)。

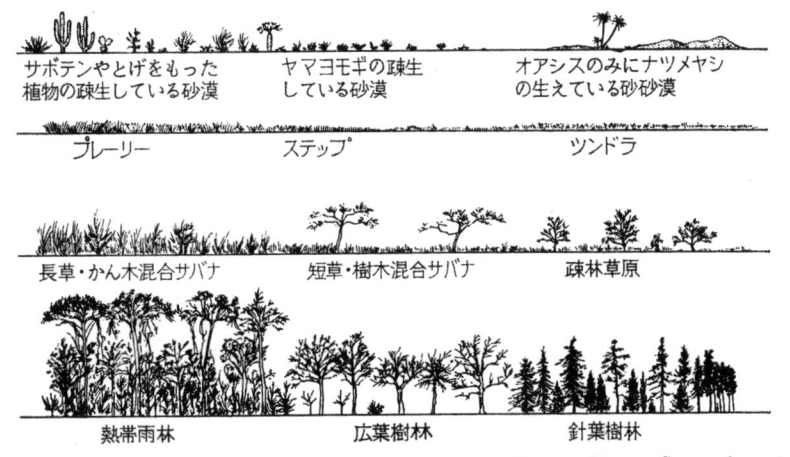

気候のちがいによる植生の型
(White, Renner: Human Geography による)

気候を扱うスケール
①大気候……世界全体,北半球,大陸など,大きな地域を扱う場合の気候で,特殊な地点や局地性を扱うものではない。海面更正した値を用いる。
②中気候……都道府県程度の地域を扱うもので,最もよく利用されている。実測値が利用される。
③小気候……ある気候の微細な気候を扱うもので,地形や植生などの影響(局地性)を知る。観測した実測値を利用する。
④微気候……非常に限られた地域の局地性について研究する際に用いる(地面に近い大気の状態が植物や作物に与える影響などの調査に用いる)。観測した実測値を利用する。

(5) 世界の気候
①ケッペンとアリゾフの気候分類
ケッペンの気候区分

ドイツの気候学者ケッペン(W. Köppen 1846-1940)が1918年に提唱した気候分類。その後,ケッペン自身改訂,またトレワーサなどによって部分改訂している。

自然植生の分布との関連を重視して,気温・降水量の2つの気候要素を組み合わせ,記号化(アルファベットの大文字・小文字)によって区分を容易にした。この方法は,その後多くの人々によって利用されている。ソーンスエイト(C. W. Thornthwaite)のものも記号区分である。

ケッペンの気候分類

区分		最寒月	最暖月	気候区分名		特徴
樹林気候	熱帯 A	18℃以上		Af	熱帯雨林気候	最小雨月 60 mm以上
				Am	熱帯モンスーン気候	最小雨月 60 mm未満, 年降水量多い
				Aw	サバナ気候	乾季が長く年降水量少ない
	温帯 C	18℃〜−3℃		Cw	温暖冬季少雨気候	温暖で冬は少雨
				Cfa	温暖湿潤気候	夏は多雨, 冬乾燥
				Cfb	西岸海洋性気候	一年を通じて雨がある
				Cs	地中海性気候	夏は乾燥, 冬降雨
	冷帯 D	−3℃以下	10℃以上4カ月以上	Df	亜寒帯湿潤気候	大陸性混交林気候, 降雨わりあい多い
			10℃以上3カ月未満	Dw	亜寒帯冬季少雨気候	針葉樹林（タイガ）気候, 降雨小
無樹気候	寒帯 E	−3℃以下	10℃以上		月の平均気温により	
			10℃〜0℃	ET	ツンドラ気候	Tundra 降水量少ない, 夏のみ地表が融け, 植物みられる
			0℃以下	EF	氷雪気候	Frost 植物なし, 氷雪地域
	乾燥帯 B				月の降水量により	日較差がきわめて大きい
				BS	ステップ気候	年降水量がややある
				BW	砂漠気候	年降水量きわめて少ない
	高地気候（ケッペンの気候区分にはない）	常春的な温和な気候		G	山地気候	海抜 2,000〜3,000 mの高地
				H	高山気候	海抜 3,000 m以上の高地

A, C, D 気候と B 気候

Bの乾燥気候と湿潤気候の境界を降水量だけではなく, 気温の高低が蒸発量に関係あることから, 次の乾燥限界式で求められる。

（r＝年降水量（mm），t：年平均気温（℃））

BS ステップ（Steppe）

fの地方（どの月にも降水量がある） $f = r < 2(t+7)$

sの地方（夏に降水量が少ない） $s = r < 2t$

wの地方（冬に降水量が少ない） $w = r < 2(t+14)$

以上の式があてはまる場合

BW 砂漠（Wuste）

上記のrの値が1/2以下の地方

アリソフの気候区分

気候区分は, それぞれの分野の専門家がそれぞれ分類しているが, ここではアリソフ（Alissow）とケッペンの気候分類を比較する。

アリソフは, 緯度・地表面の形態・大気の循環などが気候に大きな影響を与えていると考え, 次のごとく区分した。

アリソフの気候区分を世界主要河川に合わせてみると, 河川と人間の居住環境の関係を理解しやすい。

小文字		最暖月	最寒月
a	夏高温	22℃以上	
b	夏冷温	22℃以下 10℃以上4カ月以上	
c	冬低温	10℃以上4カ月未満	-38℃以上
d			-38℃以上
f	年中（各月）多雨（著しい乾季なし）		
s	夏に少雨（最乾燥月雨量×3＜最湿潤月雨量）		
w	冬に少雨（最乾燥月雨量×10＜最湿潤月雨量）		
m	fとwの中間型（Mittel）の意 ケッペンのを修正した m_1, m_2 の場合はモンスーン monsoon の影響が大きい地域		

〔注〕気候分類はケッペンのを主とするが, 修正したものなどで, 用語がまちまちなうえ, 気候区の分布も著書により異なる.

アリソフとケッペンの気候区分の対比

アリソフ（Alissow）1954			ケッペン（Köppen）1884
赤道気団地帯	EE 気候 ───────	Af	熱帯雨林気候
赤道季節風地帯	ET 気候 ───────	Aw	サバナ気候
		Am	熱帯モンスーン気候
熱帯気団地帯	TT 気候	Cs	地中海性気候
		Cw	温暖冬期少雨気候
亜熱帯地帯	PT 気候		
		Cfa	温暖湿潤気候
気候中緯度気団地帯	PP 気候 ───────	Cfb	西岸海洋性気候
		Df	亜寒帯湿潤気候
亜極地帯	AP 気候	Dw	亜寒帯冬期少雨気候
		ET	ツンドラ気候
極気団地帯	AA 気候 ───────	EF	氷雪気候

（『地理学概説』より）

②世界の気候

ハイサーグラフ（クライモグラフ）

縦軸に月平均気温（℃），横軸に月平均降水量（mm）をとり，ある月の気温と降水量を一点に表わし，1月から12月までを直線で結んだグラフ。

ハイサーグラフが表わす気候区の特徴

A：熱帯：月気温20℃以上で，月降水量100 mm以上を超える気候を熱帯雨林気候。月気温20℃以上で，で，月降水量が乾季と雨季が明瞭な気候をサバナ気候。

B：乾燥：月気温が10℃以上で，月降水量がほとんど見られない気候が砂漠気候。月気温10℃以上で，月降水量がある程度みられる気候がステップ気候。

C：温帯：グラフが右の上の方に上がっているのは，夏に雨が多い温帯冬乾燥気候で，グラフが上下に変化する。気温は変化するが降水量は年間を通じてほぼ同じであるのが西岸海洋性気候または，温帯湿潤気候。グラフが左の上の方に上がっていて，夏乾燥し降水量が少ない気候は温帯夏乾燥（地中海式）気候。

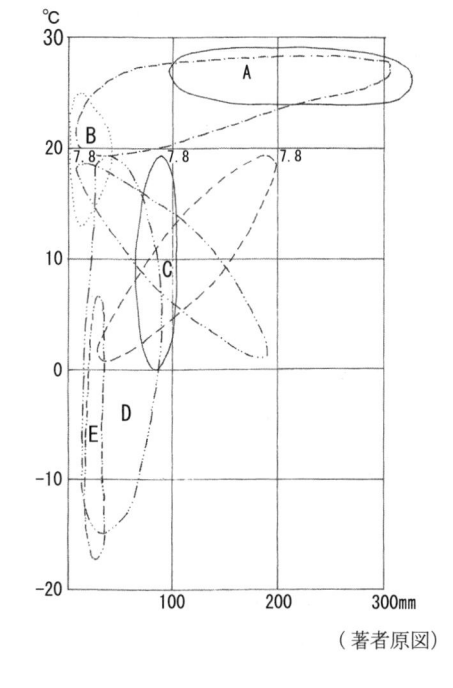

D：冷帯：グラフが左側によって0℃を割っている。夏月平均気温が20℃以上になるのが，冷帯多雨気候。気温が20℃以上になるが，夏に雨が多いのが冷帯夏雨（大陸性混交林）気候。

E：寒帯：最暖月の平均気温が0～10℃の間にあるのがツンドラ気候。最暖月の平均気温が0℃以下が氷雪気候。

（例：Cfa　Cの部分は気候区分を，fの部分は降水量を，aの部分は気温を，それぞれ表わす）

大陸性気候（内陸性気候）

海洋から遠く離れる大陸内陸部は，大気の水分の補給が少ないので，晴天が続く。したがって気温

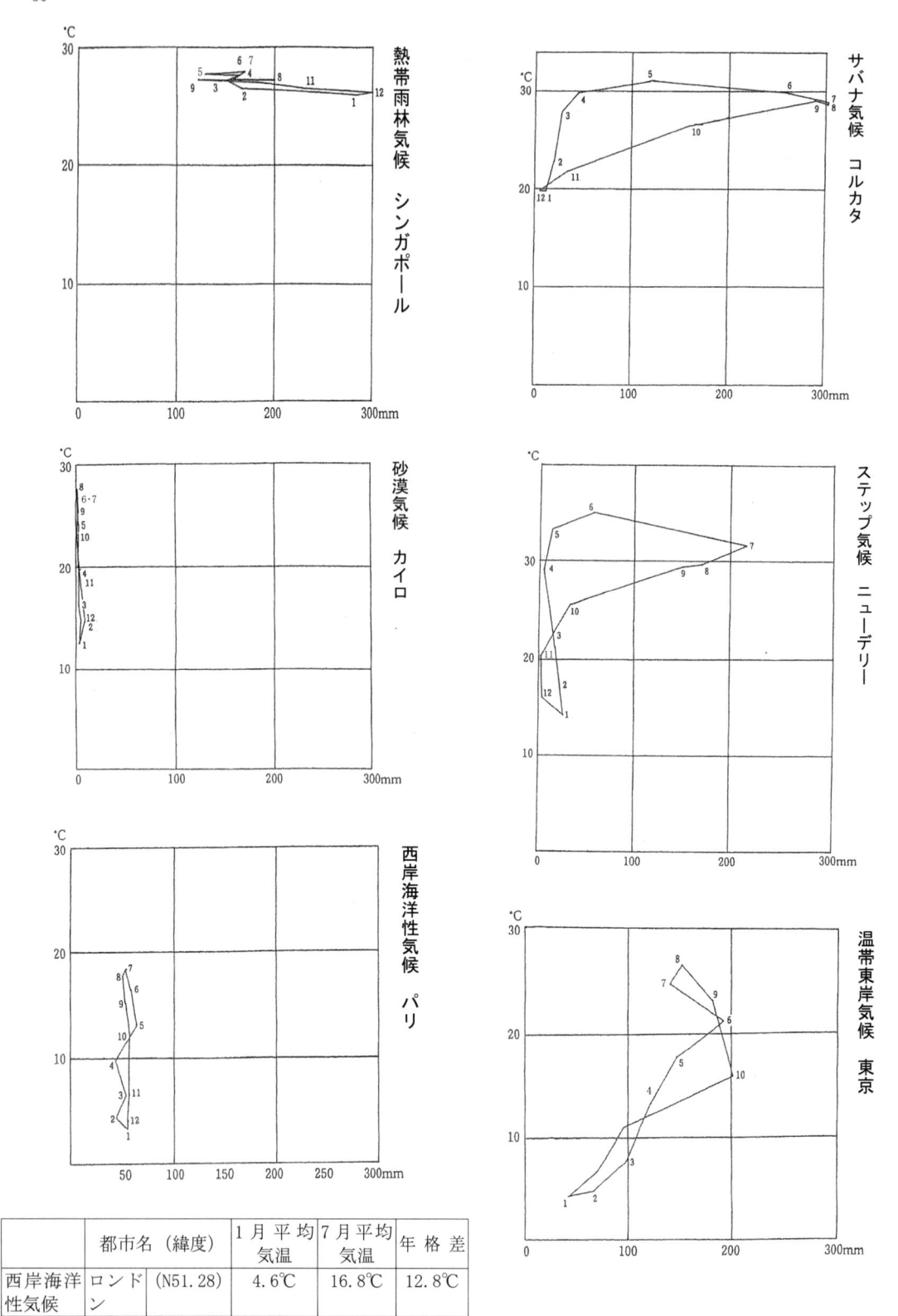

	都市名（緯度）	1月平均気温	7月平均気温	年格差
西岸海洋性気候	ロンドン	(N51.28)	4.6℃	16.8℃	12.8℃
東岸気候	東京	(N35.41)	3.2℃	26.4℃	23.3℃

V 気候と気象　61

温帯夏雨気候　クンミン

温帯冬雨気候　リスボン

冷温帯多雨気候　モスクワ

冷帯夏雨気候　イルクーツク

ツンドラ気候　ノーム

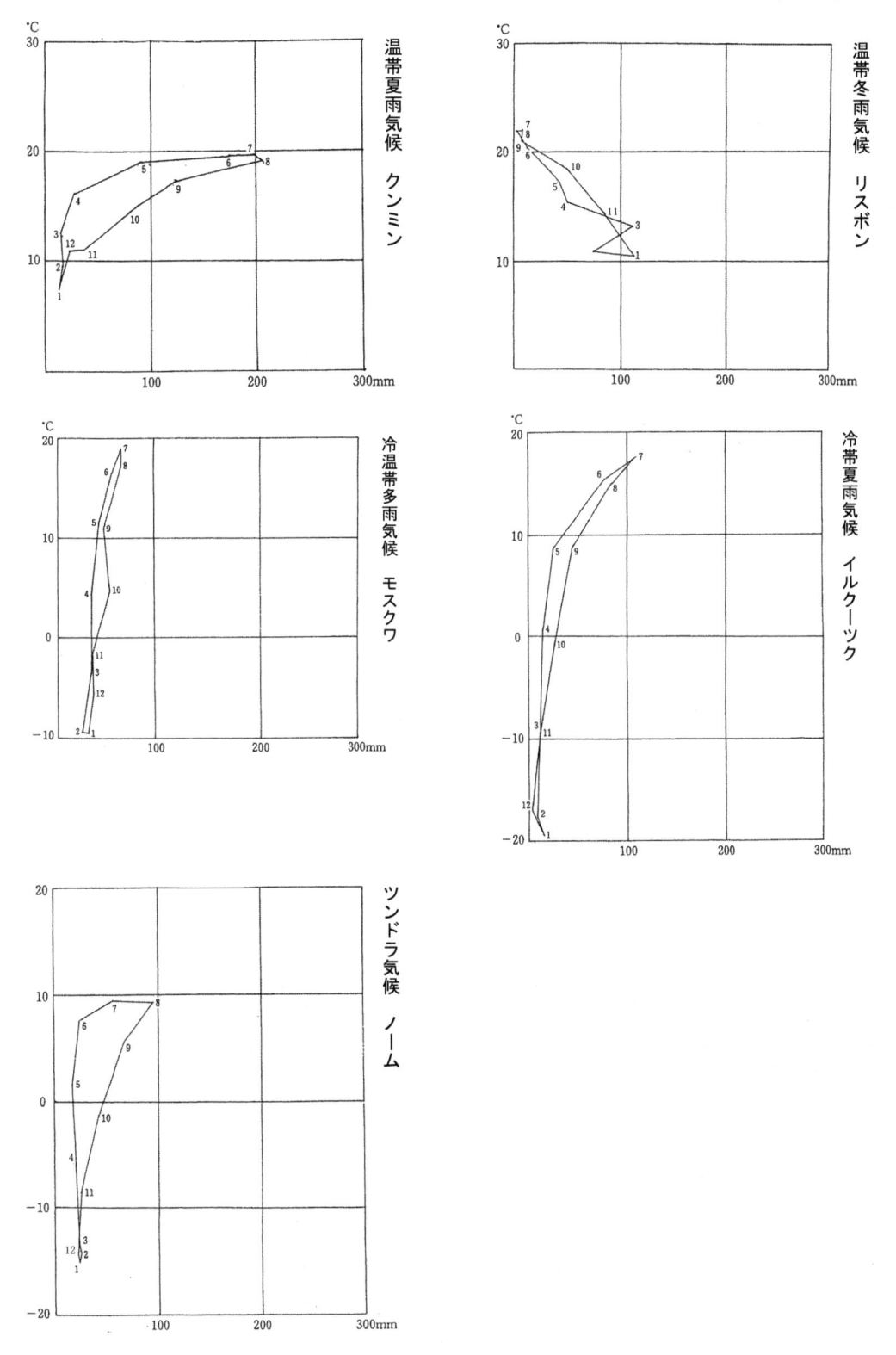

主要都市のハイサーグラフ（クライモグラフ）（著者原図）

世界の気候区

	気候区	特徴	主要都市	植生	土壌
熱帯気候 A	熱帯雨林気候 Af	年中高温多雨、年較差小、無風帯、日に一度午後にスコール、原始的農業、風土病、一部プランテーション	シンガポール、クアラルンプール、キサンガニ、ベレン	熱帯雨林（セルバ）、密林（ジャングル、ブラジルではカーチン）天然ゴム、バナナ、カカオ	ラトソル土（ラテライト）（紅土）
	熱帯モンスーン気候 Am	AfとAwの中間型、冬に短い乾季、プランテーション、水田耕作	ヤンゴン、コロンボ、マニラ、モンロビア	つる性植物、マングローブ、有用材の林業	ラトソル土（ラテライト）（赤色土）
	サバナ気候 Aw	AfとBSの漸移帯、雨季と乾季が明瞭、プランテーション（コーヒー、サトウキビ）	コルカタ、ブラジリア、ダーウィン、ハバナ	耐乾落葉樹の疎林と丈の高い草原（南米リアノ、セラード、カンポ）	ラトソル土、栗色草原土、デカン高原－レグール土
砂漠気候 B	ステップ気候 BS	長い乾季と短い雨季（年雨量500mm以下）、遊牧・企業的牧畜、乾燥農業	オデッサ、ウランバートル、エルパソ、デンバー	丈の短い草原（ステップ）と低木の疎林	栗色土、黒色土（プレーリー土、チェルノーゼム）
	砂漠気候 BW	亜熱帯高圧帯の砂漠、少雨（年雨量250mm以下）、気温の日較差大、風化作用大、オアシス農業・遊牧	カイロ、カラチ、トンブクツー、リヤド	植物に乏しい	砂漠土（アルカリ・石灰分）、灰色土
温帯気候 C	温暖冬季乾燥気候 Cw	夏高温多雨、冬温暖少雨、熱帯低気圧の襲来、米二期作、茶、さとう、大陸の東岸	ホンコン（香港）、コワンチョウ（広州）、ニューデリー	常緑広葉樹（しい、かし、くす）	褐色森林土、ブラジル－テラローシャ（Terra Roxa）
	温暖湿潤気候 Cfa	夏高温多雨、冬低温乾燥、四季の区別明瞭、台風、米、茶、とうもろこし、小麦、大豆、大陸の東岸	東京、ブリスベン、ニューヨーク、ブエノスアイレス	広葉樹、針葉樹と種類多い（松、杉、檜、かえで）	褐色土、日本－ローム、シラス、ポラ・コラ、パンパ土
	西岸海洋性気候 Cfb	年間多雨、偏西風の影響、同緯度東岸より冬高温・夏冷涼、文化地域、商・工業地域、近代的農牧業（混合・酪農）	ロンドン、パリ、キャンベラ、メルボルン、シアトル、ウェリントン	ぶな（ぶな気候）、かし、広葉・針葉混交	褐色土、レス（氷積土）、ポドソル
	地中海式気候 Cs	夏高温乾燥、冬温暖少雨、雨量は全体として少ない、果樹栽培、冬小麦、移牧、避寒休養地	ローマ、サンチャゴ、サンフランシスコ、ケープタウン、リビエラ海岸（ニース、モナコ、カンヌ）	耐乾性の常緑硬葉樹（オリーブ、コルクがし、ぶどう、オレンジ）	褐色土、テラロッサ（Terra Rossa）（地中海域石灰岩）、レンジナ
冷帯気候 D	大陸性混合林気候 Dfa-b Dwa-b	夏高温（短い）、冬寒冷（長い）、降水量やや多い、気温の年較差大、春小麦－夏の高温利用、酪農林業	札幌、モスクワ、オタワ、シカゴ、ワルシャワ	針葉・広葉樹が混合（とうひ、もみ、ぶな、かば）	褐色森林土、ポドソル
	針葉樹林気候 Dfc-d Dwc-d	夏冷涼（短い）、昼長い、降水量夏にある、冬寒冷（長い）、夜長い、林業、パルプ、製紙業	ベルホヤンスク、イルクーツク、アンカレジ	針葉樹（タイガ）（もみ、えぞ松、から松、とど松）	ポドソル
寒帯気候 E	ツンドラ気候 ET	年中低温、少雨、夏の白夜、ラップ、サモエード、イヌイット人の遊牧・狩猟	ノーム、ゴットホープ、ハンメルフェスト	樹木なく、夏だけ地衣類、蘚苔類	ツンドラ土
	氷雪気候 EF	年中低温、氷雪原におおわれる無居住地域、探検調査	リトルアメリカ、ボストーク（南極）	氷雪原	永久凍土
高山気候 H	高山気候 H	海抜高度大のため熱帯の高原に生じた温和な気候区、常春気候、気圧低い、交通不便、マヤ・インカ文明	アンデス諸国の都市（キト、ラパス）、アジア（バンドン、ダージリン、シムラ）	温帯性作物、米、コーヒー、茶、綿花、さとうきび、トウモロコシ	

V 気候と気象 63

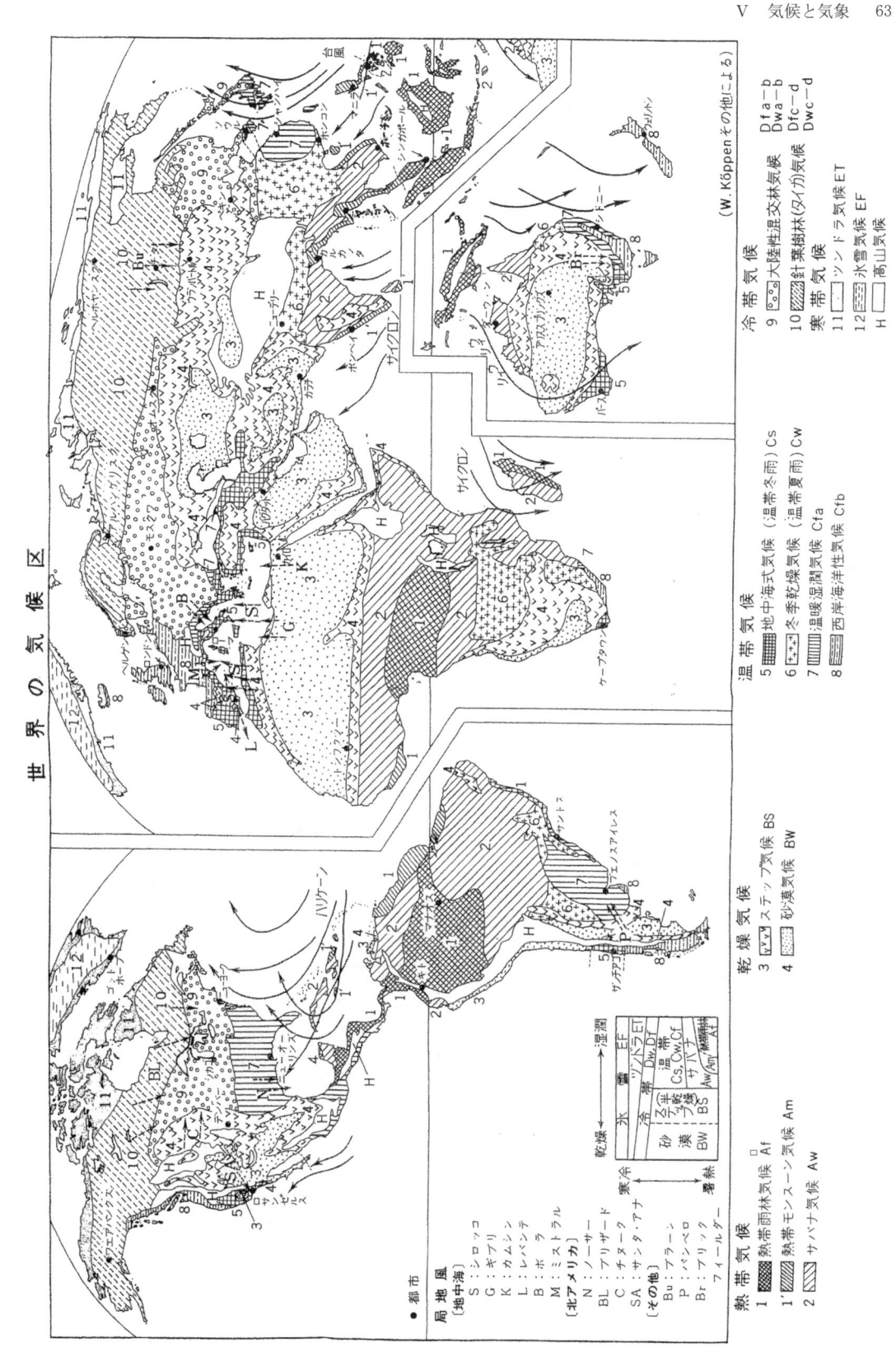

の日較差，夏と冬の気温の較差が大きい。亜寒帯の冬は，地表が雪でおおわれて寒冷さを増す。そのため，冬の大陸は，高気圧の発源地となる。夏の日中は高温となり，大陸内部に低気圧が形成され，雲が発生するが，水蒸気の絶対量が不足しているので，雨量・湿度が低く，乾燥性の気候地域となる。

海洋性気候

湿度はやや高いが，昼・夜，夏・冬の気温の差は比較的小さい温和な気候である。大陸に比べると夏はやや低温，冬はやや高温となるため，海洋は，夏は高圧部を冬は低圧部を形成する。したがって夏は多湿であるが，晴天が続き大気は安定している。一方冬は，大気が不安定のため，曇天や雨が多い。大陸性気候とは対照的である。

③日本の気候

北海道から東北地方北部，中部地方の内陸高地は亜寒帯多雨気候に属する。ほかは温帯多雨気候になる。最北端の宗谷岬から最南端の八重山諸島までの間には約22°の緯度差があり，最寒月の1月の気温は，帯広の−9℃に対して石垣島では17.8℃となり，約27℃の気温差がある。一方，最暖月の8月をみると稚内の19.2℃に対して，石垣島では28.5℃と約9℃の気温差となっている。

わが国の年平均降水量は約1,800mmで，地域差が大きく，瀬戸内海の沿岸では1,000mm以下しかないのに対し，屋久島や大台ケ原では，4,000mm以上の降水量がある。また季節によっても降水量に差がみられ，夏は九州・四国から関東にかけての太平洋側で梅雨や台風の影響から多くなるのに対し，冬は日本海側で雪が降るために降水量が多くなっている。

日本の気候は，明瞭な四季の変化，梅雨，台風，降積雪，冬の季節風などがあげられる。梅雨は，高温多湿な熱帯気団（太平洋高気圧）と，冷涼なオホーツク海気団の境目に発生した前線である。この前線が日本の上空に停滞すると梅雨になる。5月上旬から中旬頃に沖縄で梅雨を迎え，その後北上して7月中旬から下旬頃には各地で梅雨が明ける。

夏は，太平洋高気圧が日本列島の上空を覆うため，毎日晴天が続き暑くなる。秋には移動性高気圧と低気圧が交互に通過する。また，日本列島の上に秋雨前線が生じ，停滞して天気が崩れる。毎年2,3の台風がこの時期に通過する。

冬になると，日本海で多量の水蒸気を取り込んだシベリア気団が上空を通過する。その際に，日本海側に多量の降雪をもたらす。山地（伊吹山）で1,182cm，平地（高田）で377cm，山間部（富山県真川）で750cmの積雪量の記録がある。この時期，太平洋側では乾燥した晴天が続く。

春になると移動性の高気圧と低気圧が交互に通過するため，短い周期で天気が変化する。春先に太平洋側を低気圧が通過すると，関東地方で雪をみる。

④雪と人間生活（雪国日本）

(a)世界の積雪地域

北半球では，北米，ユーラシア大陸東岸および西岸，北アジア（シベリア），北極海周辺

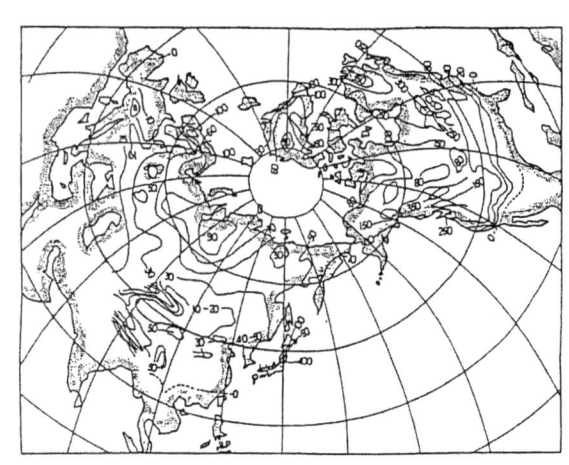

世界の積雪地域（『雪国新時代』より）

日本の気候に影響を与える気団

気団名	発源地	気団の特徴	日本でみられる特徴	気団配置と季節
シベリア気団	シベリア地方	低湿・乾燥で，冬の典型的気団で，春の初め，秋の終わり，冬にみられる．	冬の日本海側は，雪か雨で，太平洋側は，乾燥・晴天で強い北西風．	西高東低 冬
オホーツク気団	オホーツク海，千島列島	寒帯海洋性で低温・湿潤な不安定気団で梅雨期にみられる．	北東風で雨が多い．小笠原気団とオホーツク気団により前線停滞．	停滞前線性 梅雨期
揚子江気団	華中～華北	高温・乾燥でおもに春・秋にみられる大陸性の移動性気団．	好天で西風．	移動性高・低気圧 春と秋
小笠原気団	日本南方，北西太平洋地方	高温・湿潤で一般的に天気が安定しているが，一時的に不安定になる．	太平洋からの南東モンスーン．好天が続き，南風暑い．	南高北低 夏
赤道気団	赤道地方	高温・湿潤で，おもに夏から秋にみられる．安定型．	短い強風雨がみられる．集中豪雨．	熱帯低気圧 台風

春の低気圧の移動は，1日1,000 km，時速40 km程度になることもある．

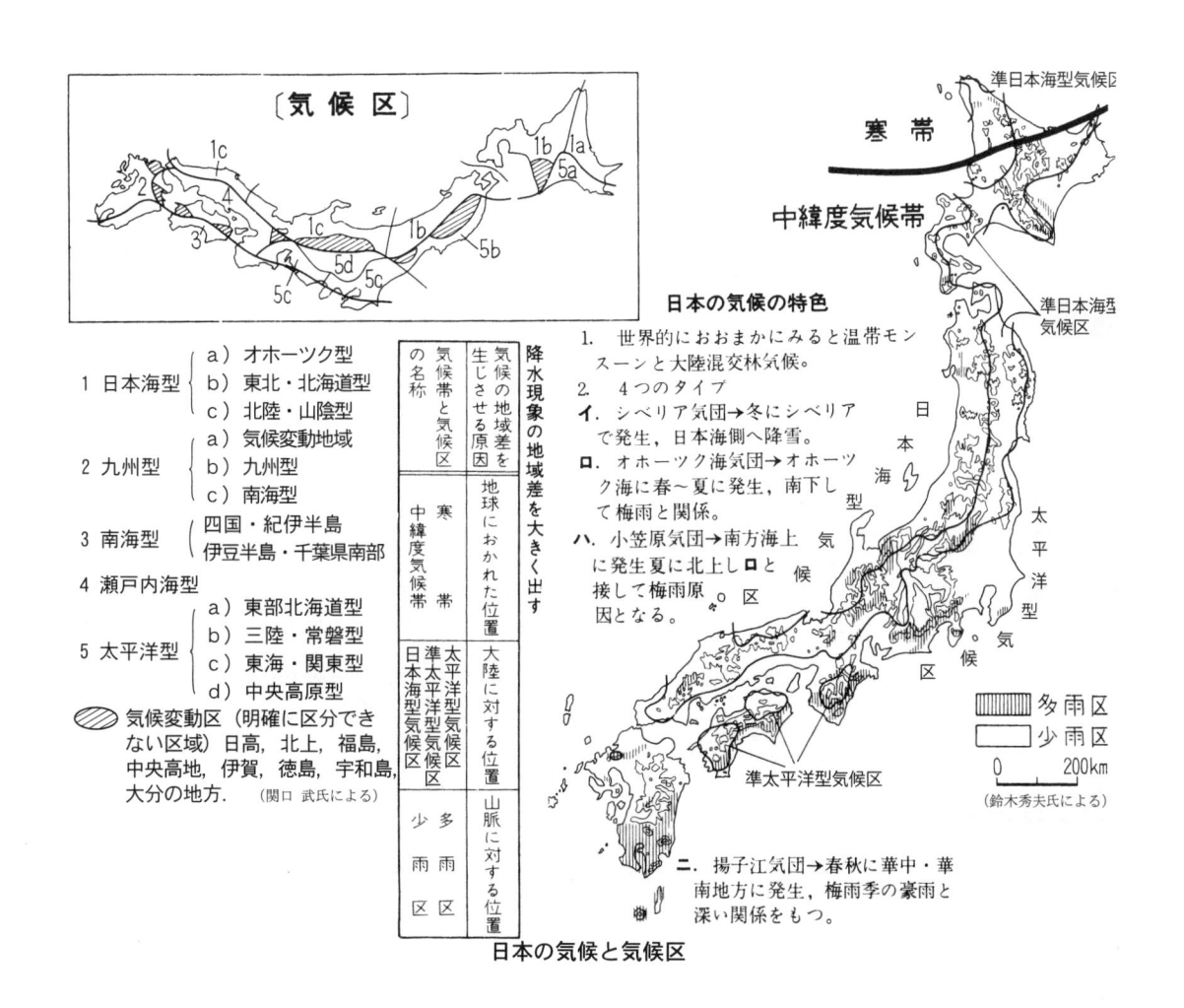

〔気候区〕

1 日本海型
 a) オホーツク型
 b) 東北・北海道型
 c) 北陸・山陰型

2 九州型
 a) 気候変動地域
 b) 九州型
 c) 南海型

3 南海型　四国・紀伊半島
　　　　　伊豆半島・千葉県南部

4 瀬戸内海型

5 太平洋型
 a) 東部北海道型
 b) 三陸・常磐型
 c) 東海・関東型
 d) 中央高原型

▨ 気候変動区（明確に区分できない区域）日高，北上，福島，中央高地，伊賀，徳島，宇和島，大分の地方．　（関口 武氏による）

日本の気候の特色

1. 世界的におおまかにみると温帯モンスーンと大陸混交林気候。
2. 4つのタイプ
 イ. シベリア気団→冬にシベリアで発生、日本海側へ降雪。
 ロ. オホーツク海気団→オホーツク海に春～夏に発生、南下して梅雨と関係。
 ハ. 小笠原気団→南方海上に発生夏に北上しロと接して梅雨原因となる。
 ニ. 揚子江気団→春秋に華中・華南地方に発生、梅雨季の豪雨と深い関係をもつ。

	気候帯と気候区	気候の地域差を生じさせる原因	降水現象の地域差を大きく出す
中緯度気候帯	寒帯	地球におかれた位置	
	日本海型気候区 準太平洋型気候区 太平洋型気候区	大陸に対する位置	少雨区 多雨区
		山脈に対する位置	

日本の気候と気候区

日本の四季

二十四節気	日付	特徴	東京〜水戸付近	気圧配置等
立冬（りっとう）	11月8日	初霜　天気ほぼ安定する　紅葉と落葉　木枯らし 11月（霜月：しもつき）		西高東低
小雪（しょうせつ）	11月23日	ストーブたき始める　初氷		〃
大雪（たいせつ）	12月7日	気温下がる 12月（師走：しはす）		〃
冬至（とうじ）	12月22日	初雪		〃
小寒（しょうかん）	1月6日	1月（睦月：むつき）		〃
大寒（たいかん）	1月20日	気温最低　スイセン咲く		〃
立春（りっしゅん）	2月4日	気温上がり始める　ツバキ咲く　フキノトウ出る 2月（如月：きさらぎ）		〃
雨水（うすい）	2月19日	ウグイス鳴く　気温上がり春となる　三寒四温	日本海に低気圧が発達する．その低気圧が太平洋側を通過すると東京・水戸付近は雪になる．	〃
啓蟄（けいちつ）	3月6日	ウメの花が咲く　アブラナ咲く 3月（弥生：やよい）　冬眠していた虫が穴から出てくる		移動性高気圧と低気圧
春分（しゅんぶん）	3月21日	モモの花が咲く　サクラ，スイセン，チューリップ咲く　昼と夜の長さが同じ		〃
清明（せいめい）	4月5日	ヤエザクラ咲く 4月（卯月：うづき）		〃
穀雨（こくう）	4月20日	アマガエル鳴く　冬服を脱ぐ　ミヤコワスレの花咲く		〃
立夏（りっか）	5月6日	霜の終わり　初夏　ツツジ咲く 5月（皐月：さつき）	天気ほぼ安定．	〃
小満（しょうまん）	5月21日	梅雨のはしり　田植え　アマリリス咲く		〃
芒種（ぼうしゅ）	6月6日	入梅　夏服を着る 6月（水無月：みなづき）		停滞前線
夏至（げし）	6月22日	アジサイ，アサガオ咲く　セミ鳴く（ニイニイゼミ）		〃
小暑（しょうしょ）	7月7日	ヒマワリ咲く　梅雨あける（7/15頃） 7月（文月：ふみつき）	梅雨末期の大雨　気温が30℃になる．	南高北低
大暑（たいしょ）	7月23日	気温最高（30℃以上）　カンナ，サルビア，松葉ボタン咲く	鯨の尾型（小笠原高気圧の型が鯨の尾の形になる）	〃
立秋（りっしゅう）	8月8日	スイレン咲く 8月（葉月：はづき）		〃
処暑（しょしょ）	8月23日	台風去来　コスモス咲く	気温が下がり始める．	熱帯低気圧
白露（はくろ）	9月8日	秋りん始まる　夏服脱ぐ 9月（長月：ながつき）	気温が下がり，雨期に入る．	〃
秋分（しゅうぶん）	9月23日	台風		〃
寒露（かんろ）	10月9日	秋りんあける　秋晴れ 10月（神無月：かんなづき）	時雨（しぐれ）　秋の空は澄んでいる．	移動性高気圧
霜降（そうこう）	10月24日	冬服を着る　キク咲く	雨期が終わり天気が周期的に変わる．	〃

（日本気象協会資料より著者作成）

主要都市の1月平均気温および1月平均降水量

	都市名	国名	1月平均気温(℃)	1月平均降水量(mm)	人口(万人)
1	札幌	日本	-4.9	114	1,543.0
2	旭川		-8.5	80	363.6
3	釧路		-6.4	53	214.5
4	函館		-3.6	71	319.2
5	青森		-1.8	181	294.0
6	盛岡		-2.5	65	235.5
7	仙台		0.9	46	700.3
8	秋田		-0.5	135	296.4
9	山形		-0.9	94	245.2
10	福島		1.0	55	270.8
11	新潟		2.0	197	475.6
12	高田		1.9	443	130.7
13	富山		2.1	279	31.4
14	金沢		2.9	308	43.0
15	福井		2.5	325	25.0
16	オスロ	ノルウェー	-7.5	58.1	45.0
17	ストックホルム	スウェーデン	-3.0	38.6	65.0
18	ヘルシンキ	フィンランド	-6.0	44.4	48.0
19	レイキャビック	アイスランド	-5.0	74.9	9.0
20	ロンドン	イギリス	3.6	75.6	670.0
21	パリ	フランス	3.3	50.4	219.0
22	ベルリン	ドイツ	-0.2	40.6	304.0
23	ウィーン	オーストリア	-0.8	36.8	153.0
24	モスクワ	ロシア	-9.5	44.4	840.0
25	北京	中国	-4.6	3	553.0
26	アンカレジ	アラスカ	-11.0	19.8	—
27	モントリオール	カナダ	-10.2	72.3	286.0
28	バンクーバー		2.5	153.6	—
29	ニューヨーク	アメリカ合衆国	0.0	73	707.0
30	ポートランド		4.2	169.5	37.0

（『理科年表2007年版』より）

に、他方、南半球ではオーストラリア南東部、ニュージーランド、アルゼンチン南部に分布する。

これらのうち、年間100cm以上の積雪（降雪とは異なる）のある地域は、日本のほかにアラスカ、グリーンランド等の北極海周辺にすぎない。しかも年間400cmを越すのは、世界でも日本のみである。

世界の積雪地域における気候の特徴を1月の平均気温と降水量の関係でみると、北欧やアラスカは、気温が0℃以下と低く降水量が少ないが、日本は、気温が0℃以上と高く、降水量が多いという点があげられる。

(b) 日本

日本はユーラシア大陸の東岸に位置するとともに、南北に長いため、雪の降り方・積もり方にも地域差がある。これを相対的（かつ主観的）にみると、

・北海道：寒くて雪が少ない。
・東北：北海道よりも暖かく、雪はやや多い。
・新潟南部：気温は0℃以上で雪がかなり多い。
・北陸：気温は0℃以上で雪は多い。

(c) 年最大日降雪深と年最深積雪深

北海道、本州では新潟を中心として東北の山間部、北陸・山陰の日本海沿岸部にわたって降積雪量が大きい地域が分布している。年最大日降雪深で60〜80cm/日以上、年最深積雪深で50〜100cm/年およびそれ以上の地域である。これらの地域では、豪雪時には甚大な被害を受ける地域として知られている。

雪

水蒸気が上昇し、凝結核や氷晶核に集まる微小滴が冷却され（-20℃程度）雪の結晶となり、地上に降ってくるもの。この現象を降雪といい、地上に積もった雪を積雪という。

雪は、雨と異なり長い期間地面をおおう。そのため、冬期間は土木工事、農作業等の屋外作業は難しくなる。また、交通条件も無雪期と比べて悪化する。こうしたことが、雪国の産業が停滞する理由といわれてきた。しかし、積雪が地面をおおっていることは、雪自体が0℃で、熱伝導は非常に悪いため、断熱材を敷いた条件と同じになり、土壌は凍結しない。積雪地域に山菜の産地が多いこと、球根類の栽培が行われているのも、雪により土壌が保護されているためである。また、山間部の積雪は、自然のダムの役割を有している。融雪までの時間差があるためである。春になると融雪水は流れ出し、

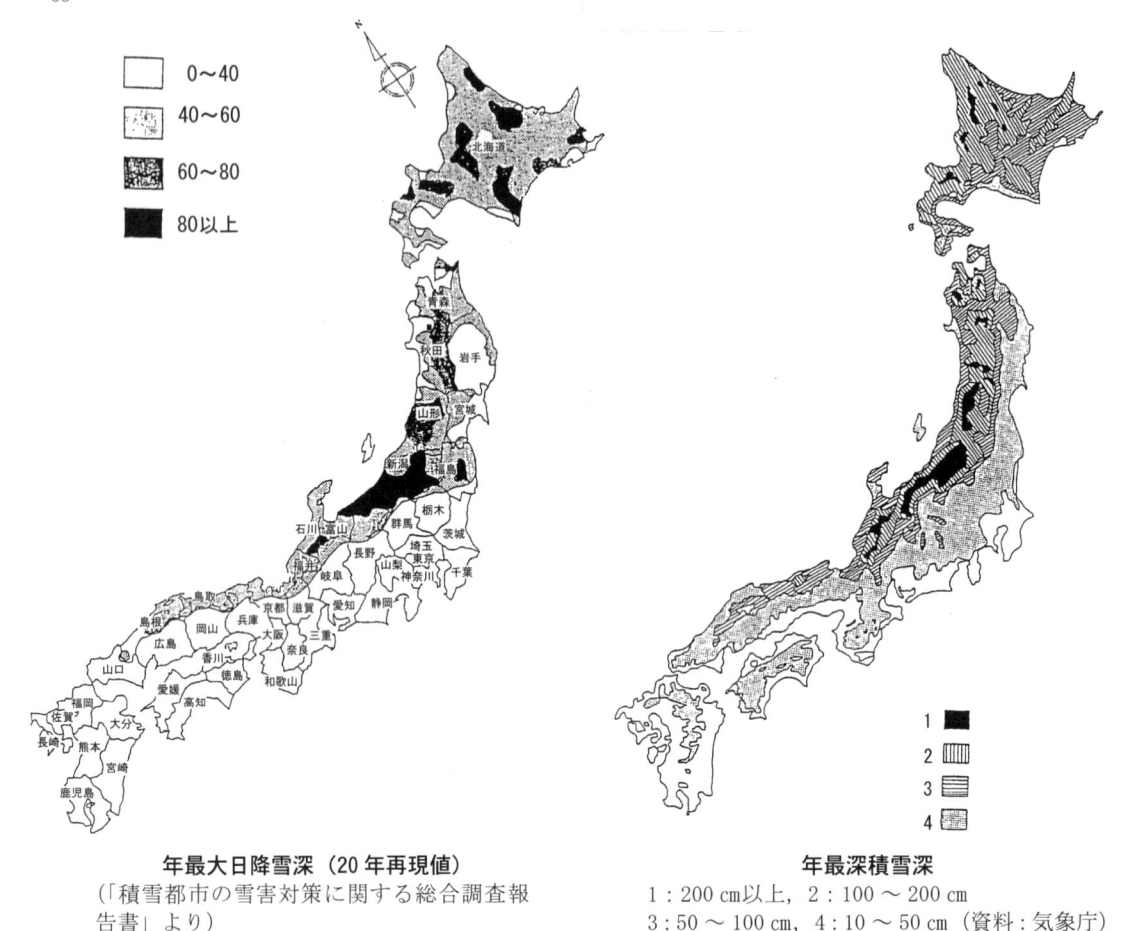

年最大日降雪深（20年再現値）
（「積雪都市の雪害対策に関する総合調査報告書」より）

年最深積雪深
1：200 cm 以上，2：100～200 cm
3：50～100 cm，4：10～50 cm（資料：気象庁）

> ＊20年再現値：再現値とは，ある気象条件がその再現期間内に1度の割合で起こる時に用いられる気象学用語である。例えば1日当たり2mの大雪が20年に1度の確率で降る場合，20年を"年最大日降雪深2mに対する再現期間"と表現し，この2mを再現値と称する。年最深の場合も同様に用いる。

河川に流入するが，一部は地下水になる。これらの水は，灌漑，発電，飲料水，工業用水など各種用水に利用される。

雪の降り方

雪の降り方も一様ではない。大きく2つのタイプがある。

・季節風型降雪

　シベリアから吹き出す寒気が日本海上を通過するとき，対馬海流（暖流）の水分を吸収する。そのため，上層の乾燥した空気はきわめて不安定な関係となる。この時，日本海上にすじ状の雲が発生し，季節風にのって日本海沿岸地域に達する。このすじ雲が上陸して脊梁山脈を上昇するところで局地的な降雪をもたらす。これが，"冬型の気圧配置"である。

・低気圧型降雪

　寒気が緩んだときに日本海上に低気圧が発生する。低気圧の前面では，南からの暖かい空気が

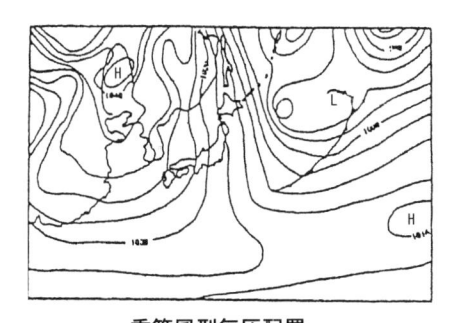

季節風型気圧配置
(昭和56年2月22日 地上天気図)

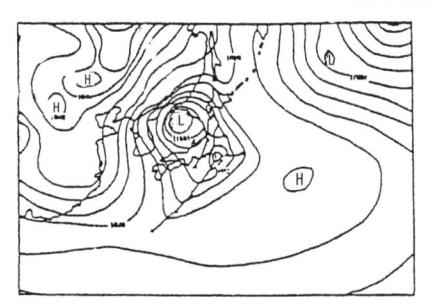

低気圧型気圧配置
(昭和56年1月2日9時 地上天気図)
(国土交通省HPより)

流れ込み，大量の水蒸気を吸収して高い雲が形成される。このため降雪量が多く，地上ではぬれ雪（雪密度大）となり，建物等に荷重被害をもたらすこともある。この低気圧は水平的な規模が大きく，移動するため，降雪は広範囲に及ぶ。太平洋側地域の大雪は，このタイプの降雪であることが多い。

雪害にかかわる特性

・雪 密 度：単位体積当たりの積雪の質量をいう。単位はkg/m^3，g/cm^{3}で表わし，含水率の高低は地域差，時間差がある。

(g/cm^3)

	北海道	東北	新潟	北陸
新雪時	0.05～0.08	0.06～0.08	0.07～0.09	0.08～0.10
降雪2,3日後	0.10～0.20			

(『新編 防雪工学ハンドブック』より)

・硬 度：積雪の硬軟の程度を示す。単位はg/cm^{2}である。一般に新雪の硬度は小さいが，圧密されるにしたがって大きくなる。また硬度は同じ密度でも雪質によって異なる。

(g/cm^2)

＜硬度分類の目安＞	
・こぶしを雪の中に突っ込み，横に動かすことができる	10以下
・手を広げ，指を伸ばして突っ込むことができる	5～10
・一本指なら突っ込むことができる	50～150
・とがった鉛筆なら突っ込むことができる	100～300
・ナイフの刃なら突き刺せる	300～500

(『新編 防雪工学ハンドブック』より)

・降雪強度：雪の降り方の強さを示し，単位時間当たりの積雪の深さで示す。単位はcm/時である。

(cm/時)

	北海道	東北	新潟	北陸
強い降雪	4～6	5～7	6～8	7～8
普通の降雪	2～4	2～4	2～5	3～6

(『新編 防雪工学ハンドブック』より)

⑤雪対策（日本の豪雪地帯）

雪による社会的・経済的被害（物的，人的被害）がある。国・雪国の地方公共団体は，法律や条例をつくり対応している。

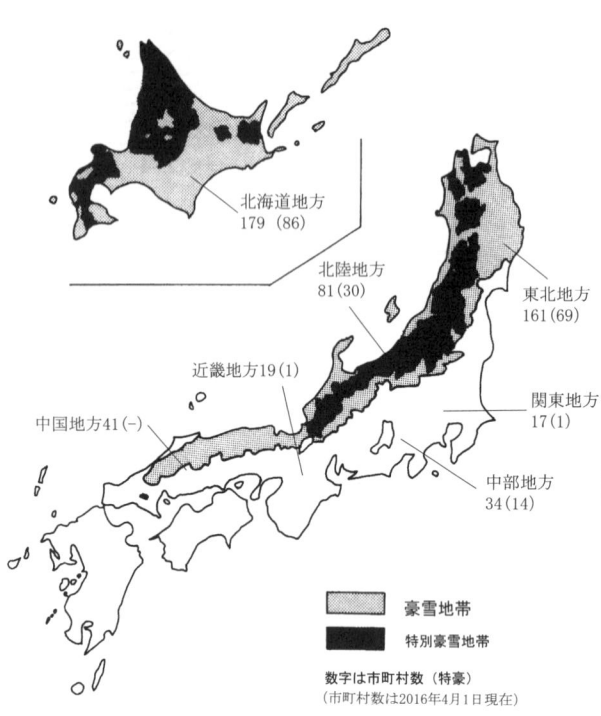

豪雪地帯対策特別措置法に基づいて指定された地域（国土交通省HPより）

地図中の記載：
- 北海道地方 179（86）
- 北陸地方 81（30）
- 東北地方 161（69）
- 近畿地方 19（1）
- 中国地方 41（-）
- 関東地方 17（1）
- 中部地方 34（14）

■ 豪雪地帯
■ 特別豪雪地帯

数字は市町村数（特豪）
（市町村数は2016年4月1日現在）

おもな地域の大雪警報の基準値

富山	平野部 60 cm／日，山間部 90 cm／日
東京	20 cm／日，多摩地域 30 cm／日
札幌	50 cm／日以上，山間部 80 cm／日以上
新潟	海岸部 50 cm／日，平野部 70 cm／日，山間部 100 cm／日

豪雪地帯：豪雪地帯対策特別措置法（豪雪法）に基づいて指定された地域である。豪雪法は，「積雪がとくにはなはだしいため，産業の発展が停滞的で，住民の生活水準の向上が阻害されている地域について，雪害の防除，その他産業の基礎条件に関する総合的な対策を樹立し，その実施を推進することにより，当該地域における民生の安定向上に寄与すること」を目的として昭和37（1962）年に成立した。この地域指定により，公共事業の際の補助など各種の優遇措置が与えられている。

豪雪の定義（考え方）

豪雪とは，厳密には気象・気候学的定義でなく，降雪量の多い場合を一般に「豪雪」と称している。

雪対策

雪対策は，「克雪対策」，「利雪対策」，「親雪対策」の3本柱で構成されている。

克雪対策：雪による障害を克服し，よりよい生活空間（アメニティ）を創造する対策

克雪対策

	目的	手法	概要
道路除排雪	排除する	除雪車	地方公共団体の除雪基準にしたがって，除排雪機械を稼動させる（積雪15 cmで開始など）．
	融かす	消雪パイプ	地下水の水温を利用して融雪．過剰揚水で地盤沈下，揚水障害等の障害が発生
		ロードヒーティング	路面下にヒートパイプ等の温熱源を通し，路面全体を暖めて融雪（石油，電気，地下水の熱など）．
	運搬する	流雪溝	冬期余剰水（河川水）を道路側溝に流し，投雪．
屋根雪処理	排除する	落雪型住宅	屋根勾配を急にし，自然に落下させる．相応の敷地面積が必要（高床と併用）．
	融かす	融雪型住宅	屋根全体を暖め，積雪させないようにする．
	―	耐雪型住宅	住宅の構造を強化し，3～4 mの積雪にも耐えられるように設計した家（高床と併用）．

（国土交通省HPおよび著者より）

利雪対策：雪を資源として見直し，これを利用・活用して生活や産業をより豊かにする対策
水資源としての利用，冷熱源としての利用，素材・材料としての利用，断熱，保温・保湿剤としての利用などがある。(氷室，雪室，雪冷房など)

親雪対策：雪にもっと近づき親しもうとする対策。景観素材としての利用，スポーツ・レクリエーションへの利用などがある（雪祭り等のイベントへの利用，スキー，スノーボードへの利用など）。

⑥地球温暖化の実態と対策

(a)地球温暖化の構造と要因

地球温暖化は，二酸化炭素，メタンガス等の温室効果ガスの濃度が高まることで，温室効果が強まり，地上の気温が上昇する現象である。温室効果ガスにはこの他，一酸化二窒素，対流圏オゾン，クロロフルオロカーボン，大気中の水蒸気が知られている。

地球温暖化の要因としては，一般的に経済活動，製造品生産活動の増加があげられる。最も有力な温室効果ガスである二酸化炭素は，過去200年間で約30％も増加したという計算もある。また，至近20年間の人間活動に伴う二酸化炭素（CO_2）の大気への排出の内訳は，化石燃料の使用が約3/4，森林の減少が約1/4とみられている。今世紀中にはさらに温暖化が進行するものと考えられている。

(b)地球温暖化が引き起こす現象

地上の平均気温は，観測記録によると19世紀半ばから上昇し続け，20世紀の間に約0.6℃上昇した。年輪の幅，珊瑚の成長，氷床コア等のデータから過去1,000年間の気温の推移をみると20世紀が最も気温上昇の大きな世紀になっている。

気温の上昇は，地上の大気バランスを崩すほか，海面上昇やエルニーニョ現象，降水・降雪量の変化等の異常気象を惹起させる。20世紀の間に海面の平均水位は20cm上昇し，積雪面積は10%程度減少したといわれている。今後もこの状況は継続するとみられており，海抜が2m程度のモルジブやナウル共和国など珊瑚礁からなる国は，国土そのものが海に没してしまう可能性や局地的な豪雨や旱魃の頻発の危険性等が強まると考えられている。また，これらの現象は，生態系のバランスを崩し，ひいては人類にも影響を及ぼすものと考えられる。

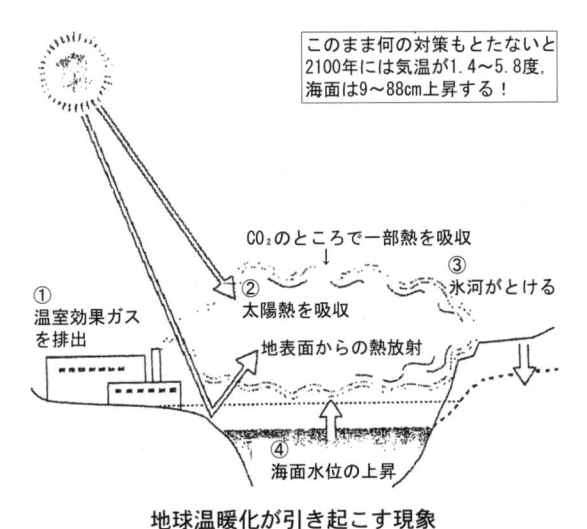

地球温暖化が引き起こす現象
（『手にとるように環境問題がわかる本』より）
太陽からの日射エネルギーは大気中のCO_2・水蒸気を通過するが，地表面からの熱放射はCO_2が多くなることにより，一部熱を吸収するため大気を暖め気温を高める。

このまま何の対策もとたないと2100年には気温が1.4～5.8度，海面は9～88cm上昇する！

① 温室効果ガスを排出
② CO_2のところで一部熱を吸収　太陽熱を吸収
③ 氷河がとける
④ 海面水位の上昇
地表面からの熱放射

(c)地球温暖化の抑止

国際的取組み

地球的規模で温暖化が進み，種々の影響が出ている近年，国際的な取組が必要である。

1994年，わが国を含めた155カ国の署名によって温室効果ガスの大気中濃度の安定化を目的とする"気候変動枠組条約"が発効された。この条約では，温暖化対策に係る計画策定・実施，二酸化炭素の吸収源となる森林の保護・推進をはじめとする10項目が規定されている。

1997年に京都で第3回締結国会議（COP3）

が開催され，温室効果ガスの削減目標"京都議定書"が採択された（日本は6％削減）。

2001年には，モロッコでCOP7が開催され，京都議定書の運用ルールに関する合意がなされた。今後は，各国が京都議定書を批准することによる地球温暖化抑止が期待されている。

地球温暖化抑止方策の考え方

温暖化を抑止するためには，大気中の温室効果ガスの濃度を低下・安定化させることが必要になる。化石燃料の使用を控えるとともに，森林を保全していくことが重要になる。

温室効果ガスの排出→大気がこれを吸収＋太陽熱エネルギーの蓄積→氷河・氷床の融解→海水面の上昇

日本は，温室効果ガス発生の約90％が二酸化炭素であり，しかも，その9割が化石燃料の使用によって生じるといわれている。そのおもな発生源は，化石燃料を使用している各種製造業，自動車，家庭，サービス業からの排出である。ライフスタイルの省エネルギー化やエネルギー効率の高い機器の開発と積極的な導入が待たれる。

⑦**おもな環境問題**

(a)**地球温暖化のメカニズム**

大気中の水蒸気，二酸化炭素，メタンガス等の温室効果ガスの濃度が高まることで地上の気温が上昇する現象を地球温暖化という。地球規模の気温の上昇は，海面上昇やエルニーニョ現象，降水量の変化などの異常気象を惹起させている。

温室効果ガス濃度上昇の最大の因子は，二酸化炭素の増加であり，その主たる原因は，化石燃料の使用と森林の減少といわれる。

(b)**オゾン層の破壊**

フロンガスが原因の環境問題である。1960年代から大量に生産され，変圧器，エアコンや冷蔵庫の冷媒，精密部品の洗浄剤，スプレーの噴霧剤などに使用されてきた物質である。開発当初は，人体に無害でしかも化学的に安定している物質としてもてはやされたが，今日，環境（オゾン層）を破壊する物質として認知された。

大気中に放出されたフロンガスは，ゆっくりと上昇して成層圏に達する。太陽の紫外線にあたると分解されて塩素原子を放出する。この塩素原子がオゾンを分解する。

フロンガスの大気中への放出→成層圏で紫外線により分解→放出された塩素原子がオゾンを破壊→地表に紫外線が大量に降り注ぐ→健康被害の発生（皮膚がんや白内障など）

(c)**森林の減少（熱帯林の減少）**

経済至上主義がもたらした功罪の一つである。焼畑農業の展開，薪炭材の過剰採取，木材輸出のための商業伐採の進行，食肉需要に対応するための過放牧などにより，毎年地球上から日本の面積の約1/3ずつ熱帯林が消失している。森林はひとたび消失すると直射日光によって地表面の水分が蒸発して固結したり，降雨によって表土が流出してしまうなど，復元には相当の時間と費用，エネルギーを要する。

種々の経済発展のための活動→熱帯林の消失→二酸化炭素の増加による地球温暖化の進行，野生生物種の減少，気象災害の発生（洪水，土壌侵食など）

(d)酸性雨の発生

1960年代後半から化石燃料を大量に燃焼消費するようになった。大気中でこの化石燃料のもつ硫黄酸化物（SO_x），窒素酸化物（NO_x）などが化学反応を起こして硫酸・硝酸などに変化する。これらの物質が大気中の水蒸気に溶け込むことで酸性雨となる。酸性雨はpH5.6を基準にして，それ以下を国際的に酸性雨と呼んでいる。酸性雨の害は動植物，建造物，魚介類などに現われている。また，中国で発生した酸性雨が日本で現われ，被害を及ぼしている。

酸性雨は，化石燃料の大量使用によって生じ，それを含んだ水蒸気が大気の移動によって，雨・雪の中に含まれ，土壌や河川，湖沼に蓄積し，生態系等に影響を及ぼす問題である。また，銅製水道管の腐食や歴史的建造物の溶解なども問題となっている。日本の場合，森林が枯れるなどの被害のほか，農業生産面への影響も懸念される。

工場等からのSO_xやNO_xの発生→酸性雨（雪，霧）として地表へ→土壌汚染による森林の荒廃，魚類等の死滅，大理石・青銅でできた建造物の崩壊，人体への影響（目，皮膚），農業生産物への影響など

(e)ダイオキシンの発生（廃棄物問題）……化学物質汚染

これまで廃棄物を衛生的に処理するため，焼却されてきた。しかし，低温焼却の場合，健康被害を及ぼすダイオキシン類が多く発生する（現在はダイオキシン類が発生しにくい炉を使用するなどの対策や焼却方法の改善対策等がとられている）。

廃棄物焼却によるダイオキシン類の発生→健康被害（実はよくわかっていない）

※廃棄物，いわゆるゴミを増やさないためにはリサイクルが重要である。しかし，リサイクルのためにまた化石燃料を大量に利用している。

(f)ヒートアイランドの構造と対策

ヒートアイランド

都市気候＊の中で最も顕著なものがヒートアイランドであり，都市の高温域（熱の島）を示す用語である。都市が周辺の市街地・郊外と比較して高温となる現象は，19世紀半ば頃からヨーロッパの主要都市で認められており，都市気温（都市温度）と呼ばれていた。"ヒートアイランド"なる用語は，1954年米国気象学会誌に掲載されたダックワースの論文が最初である。

ヒートアイランドは，都市とその周辺地域を含む地図に気温分布図を描くとその現象が目で確認できる。すなわち，都市域の輪郭に沿って比較的高い値を示す等温線が描かれ，都市から離れるにしたがって低くなっていく

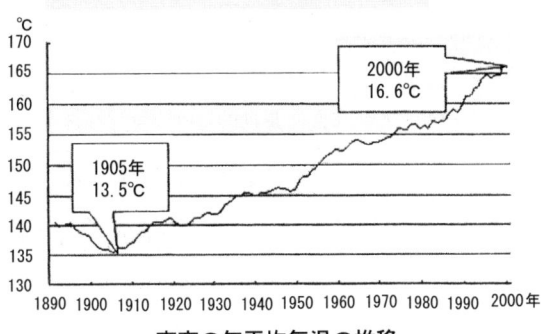

東京の年平均気温の推移

様子が図示される。（都市域における高温部の形状が島のように見える。）

＊都市気候：都市によって形成される田園地域と異なる気候。主として大気汚染物質の増加，日射量の減少，ヒートアイランド，風の乱れの増加などがその原因になっている。

ヒートアイランドの発生

ヒートアイランドは，以下のような成因によって発生する。
・都市域における燃焼熱の発生
・大気汚染物質の温室作用
・地表部の舗装や建物の増加による蒸発量の減少
・地表の建物などによる凹凸の増加に伴う放射の変化など

ヒートアイランドは，風の弱い晴夜に発生し，高温の空気がドーム状に都市上空をおおう現象である。その高さは市街地の建物の高さの3～5倍になるといわれる。地上における都市内外の気温差は，東京・大阪等の大都市で8℃，中都市で3～5℃，小都市で3℃以下との研究結果がある。

問題点

・不快さと健康危機：昼夜間を通しての高温化は，寝苦しさや不快感を増大させている。また，熱中症・日射病の発症や，これに伴う死亡も報告されている。
・都市生活：高温化に伴う冷房需要と機器稼動のためのエネルギー消費が増大している。機器稼動による高温の発生は，さらに冷房需要を増大させるなど，まさに悪循環の構造を呈している。
・災　害：ヒートアイランド現象による光化学オキシダントの生成助長や局地的集中豪雨の発生などの関連性が指摘されている。

ヒートアイランド対策

ヒートアイランド対策関係府省連絡会議による『ヒートアイランド対策大綱（平成16年3月30日）』によれば，「ヒートアイランド現象は，長期間にわたって累積してきた都市化全体と深く結びついており，対策も長期的なものにならざるを得ない」としながら，以下の対策目標を掲げ，具体的施策を実施している。

ヒートアイランド対策

対策項目	目標
人工排熱の低減	省エネルギーの推進，交通量対策等の推進，未利用エネルギー等の利用促進により，空調システム，電気機器，燃焼機器，自動車などの人間活動から排出される人工排熱を低減させる．
地表面被覆の改善	緑地や水面の減少，建築物や舗装などによって地表面が覆われることによる蒸発散作用の減少，地表面の高温化を防ぐため，地表面被覆の改善を図る．
都市形態の改善	都市において緑地の保全を図りつつ緑地や水面からの風の通り道を確保するなどの観点から，水と緑のネットワークの形成を推進する．また，長期的には，コンパクトで環境負荷の少ない都市の構築を推進する．
ライフスタイルの改善	都市における社会・経済活動に密接に関連するヒートアイランド現象を緩和するために，ライフスタイルの改善を図る．

（環境省HPより作成）

日本の自然災害

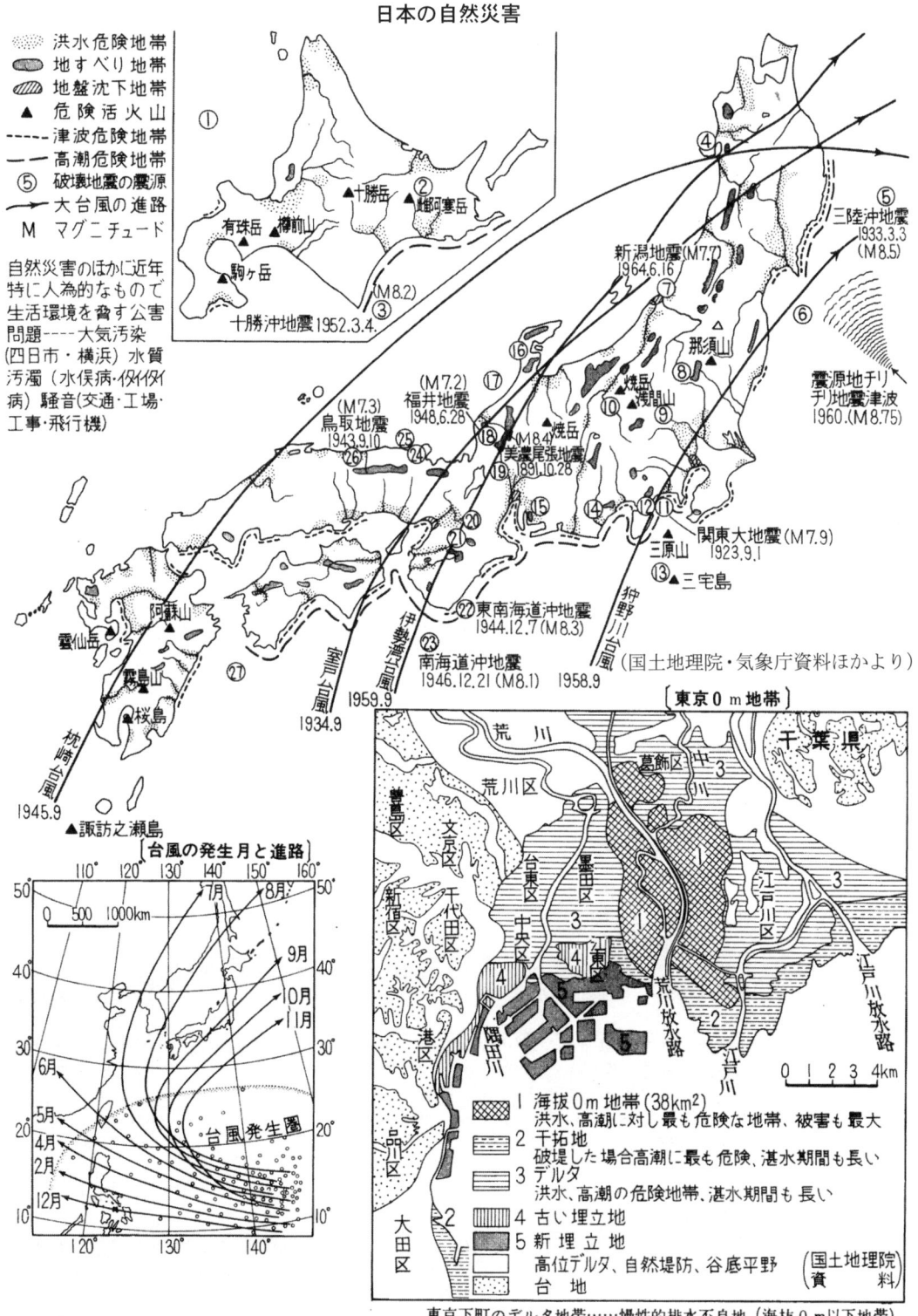

凡例：
- 洪水危険地帯
- 地すべり地帯
- 地盤沈下地帯
- ▲ 危険活火山
- ----- 津波危険地帯
- ——— 高潮危険地帯
- ⑤ 破壊地震の震源
- → 大台風の進路
- M マグニチュード

自然災害のほかに近年特に人為的なもので生活環境を脅かす公害問題……大気汚染（四日市・横浜）水質汚濁（水俣病・イタイイタイ病）騒音（交通・工場・工事・飛行機）

主な地震・火山：
- 十勝沖地震 1952.3.4 (M8.2)
- 十勝岳、雌阿寒岳、樽前山、有珠山、駒ヶ岳
- 新潟地震 1964.6.16 (M7.5)
- 三陸沖地震 1933.3.3 (M8.5)
- 那須岳、浅間山、焼岳
- 震源地チリ、チリ地震津波 1960 (M8.75)
- 鳥取地震 1943.9.10 (M7.3)
- 福井地震 1948.6.28 (M7.2)
- 美濃尾張地震 1891.10.28 (M8.4)
- 関東大地震 1923.9.1 (M7.9)
- 三原山、三宅島
- 東南海道沖地震 1944.12.7 (M8.3)
- 南海道沖地震 1946.12.21 (M8.1)
- 阿蘇山、雲仙岳、霧島山、桜島、諏訪之瀬島

主な台風：
- 枕崎台風 1945.9
- 室戸台風 1934.9
- 伊勢湾台風 1959.9
- 狩野川台風 1958.9

（国土地理院・気象庁資料ほかより）

台風の発生月と進路

台風発生圏
（1月〜12月の進路）

東京0m地帯

区域：荒川区、葛飾区、中川、文京区、台東区、墨田区、江戸川区、千代田区、新宿区、中央区、港区、江東区、品川区、大田区、千葉県、荒川放水路、江戸川放水路、隅田川

凡例：
1. 海抜0m地帯 (38km²) …… 洪水、高潮に対し最も危険な地帯、被害も最大
2. 干拓地 …… 破堤した場合高潮に最も危険、湛水期間も長い
3. デルタ …… 洪水、高潮の危険地帯、湛水期間も長い
4. 古い埋立地
5. 新埋立地

高位デルタ、自然堤防、谷底平野
台地

（国土地理院資料）

東京下町のデルタ地帯……慢性的排水不良地（海抜0m以下地帯）

Ⅵ 世界の土壌

	名　　称	土壌の特色	分布地域	参考事項	備　考
湿潤土（酸性土壌）	ツンドラ土①	夏繁茂した蘚苔・地衣類の枯死が低温のため分解せず泥炭化したもの．炭素分，窒素分が多く，排水の悪いところに厚く堆積．	北極海沿岸，レナ川下流域，アラスカ，カナダ，チリ南端のフェーゴ島	排水のよいところでは，ポドソル化する．	農耕不適，トナカイの遊牧が一部に見られる．地衣類，蘚苔類
	ポドソル①～②	植物の分解が進まず，塩基分の溶脱により漂白され，酸性土壌で生産力乏しい．	タイガ地帯とほぼ一致（ロシア平原，シベリア台地），中国本土の北部および東部，日本では北見山脈北部，奥羽地方の山地に点在	土層は数10cm～1.8m．鉄やアルミナなどの集積もある．	ロシア語のPod（土），Sola（灰）に由来．飼料作物，牧草地がわずかにある→酪農点在．
	モール土②	ツンドラの縁辺湿地で泥炭のできつつある地帯．有機物の分解ができず酸性作用大．	タイガ地帯と極北地方の南縁に散在的に分布	強酸性で農耕不適．	排水・客土などで耕地化可能．
	森林褐色土（褐色土）②～③	湿潤温暖な広葉林地帯の土壌．腐植を含み，溶脱も少なく，排水のよい台地，斜面に分布．	イギリスを除く西ヨーロッパ，中国の華北以北，北米のニューイングランドからバージニア，ケンタッキー以北，五大湖周辺	果樹園，野菜畑，主穀畑→厩肥の利用多．	混合農業地域多．
	赤色土，ラトソル土④～⑤	腐植もリン酸も少なく，鉄・アルカリが土壌化し，肥沃ではない．肥料や労働力の投下によって農耕地化が拡大．	インド東半，インドシナ半島，インドネシア，オーストラリア東部，アメリカ合衆国南部諸州，ブラジル	キューバ甘蔗栽培地．アメリカ合衆国綿化地帯の一部．ジャワ島．オランダの一部．	ラトソル土壌の北部の少雨のところに多い．
	ラトソル土（紅色土）④～⑤	高温多雨地域で植物の腐植，岩石の風化著大→雨の流出で堆積せず，腐植は僅少で土地はやせている．鉄分，アルミ分が多い．	ベトナム，ミャンマー，アフリカ西岸，コンゴに分散，ブラジル一部，オーストラリア北部	肥料を多く要さないカカオ，ゴム，バナナ，ココやし	ラテン語の赤煉瓦Laterの意味．インド初発見．アルミニウム原料．
	テラロッサ（テラローシャ）	石灰岩地方の凹地に堆積した風化土．無機質や腐植も含み，肥沃な土壌の一つ．アルミ分が多い．	地中海沿岸の石灰岩地方	Terraは土，rossaはバラ色の意．赤褐色．	ブラジルのTerraroxaは玄武岩．輝緑岩の風化土．
	レンジナ③	湿潤地帯の石灰岩地方，土壌黒色草原土，一般に肥沃．	ヨーロッパ，地中海周辺	ライ麦，大麦生産地．	ポーランドのポドソル地方の石灰岩の上にある黒土．
半乾燥土壌	チェルノーゼム（黒土）	ステップ地方の草原土．降水量が少なく，腐植した植物質がそのまま堆積したもの→土層0.7～1m位で，石灰の集積多大，やわらかく栄養分に富み，灌漑すれば生産力がより高くなる．中性～アルカリ性．	中央アジア，中国北東部，南シベリア，ウクライナ地方，ルーマニア，ハンガリー	世界的穀倉地帯形成．	類型→カナダ，アメリカ合衆国のプレーリー土，南米のパンパ土，オーストラリアの黒土，インドのレグール土
	プレーリー土	チェルノーゼムと同じく，腐植も多く肥沃である．	カナダ，アメリカ合衆国のプレーリー，サバナ地方，温帯の長草原	森林伐採後に草原化したところもある．	石灰分の集積が黒土より多くない．
	レグール土（綿花土）	玄武岩の風化作用による．炭酸カルシウムの固結物，乾季に砕けやすい．	インドのデカン高原，ケニア，北モロッコ，アルゼンチン	腐植を含み肥沃である．	綿花土の起源はとくに綿花を多く栽培しているため．

乾燥土壌（アルカリ性土壌③③③）	栗色土	乾燥のため，腐植量が少なく，薄くなった土壌．チェルノーゼム南縁．	中央アジア，合衆国プレーリー西部，パンパ西部	牧畜によく，農耕地化．	乾燥農法による小麦地帯もある．
	灰色砂漠土	栗色土より内陸乾燥地で上部軽土，腐植少なく下部石灰堆積．	ロッキー山脈東麓，グレートビクトリア砂漠，アフリカ，アラビア半島	生産力低く，遊牧，牧畜．	熱帯の砂漠では，赤色砂漠土になる．
	アルカリ土（塩類土）	激しい蒸発作用によって表層下に塩類が殻上に集積．地下水位の低いところ（低地）発達．	上記の乾燥灌漑地域に分散分布	不毛地多．	アタカマ砂漠のチリ硝石が有名．
運積土	沖積土	河川の運搬，堆積作用によって形成されたもの	世界的主要大河川流域，氾濫原	古代文明発祥地．	アジアの集約的米作地，人口密度最大．
	風積土，レス	風で運搬された細粒の土壌，炭酸石灰分を含有，軽くて肥沃．	中国華北，ヨーロッパ中央部，ミシシッピ川流域	中国の畑作地の代表レス．	ドイツのアルサスの小村に由来する．
	火山灰土	造山活動の激しい火山帯に多く，大陸に少ない．日本のシラス，ロームは有名．	環太平洋造山帯の火山帯に多い．ハワイ，ジャワ，フィリピン，日本	関東ローム層は，おもに富士火山の火山灰ともいわれている．	ロームは，粘土に微細な石灰粉，雲母粉，水酸化鉄含有．

①寒帯　②亜寒帯　③温帯　④亜熱帯　⑤熱帯　　　　　　　　　　　　　　　　（『新版地学辞典』より）

成帯土壌

気候帯と植生が一致する土壌。ツンドラ土，ポドソル土，ラトソル土などがあげられる。

間帯土壌

母岩の影響が大きい土壌で，沖積土，関東ローム，シラスなどがあげられる。

土壌侵食の要因

1. 乾燥地域のアルカリ土は強い蒸発作用によって表層下にあった塩類が毛細管現象により地上に集散した結果。
2. 乾燥・熱帯林地帯の樹木を広範囲に伐採した結果。
3. 内陸のやや乾燥した地域で行われていた傾斜地耕作（等高線耕作）が，耕作を中止することにより土壌流出がみられる。

作物栽培限界：代表的なものとして3つある。

1. 寒冷限界：作物は，気温により栽培条件が異なる。とくに高緯度寒冷地では，作物の生育に十分な気候条件がみられない。これが寒冷限界である。
2. 乾燥限界：作物は，降水量で栽培条件が異なる。とくに乾燥地の作物栽培として，オーストラリアでは，降水量250mm以下では砂漠となり，オアシス以外は，栽培作物の生育はみられない。これが乾燥限界である。
3. 高距（度）限界：栽培作物は，海抜高度により異なる。それに適応した作物が栽培されている。熱帯では1,000mまでバナナ，キャッサバ，カカオなど，2,000mコーヒー，綿花，とうもろこしなど，3,000mりんご，小麦，とうもろこしなどになる。これが高距（度）限界である。しかし，農業技術の発展，品種改良，バイオテクノロジーなどの発達により，栽培作物の生産地は大きく変化してきている。

世界の土壌区

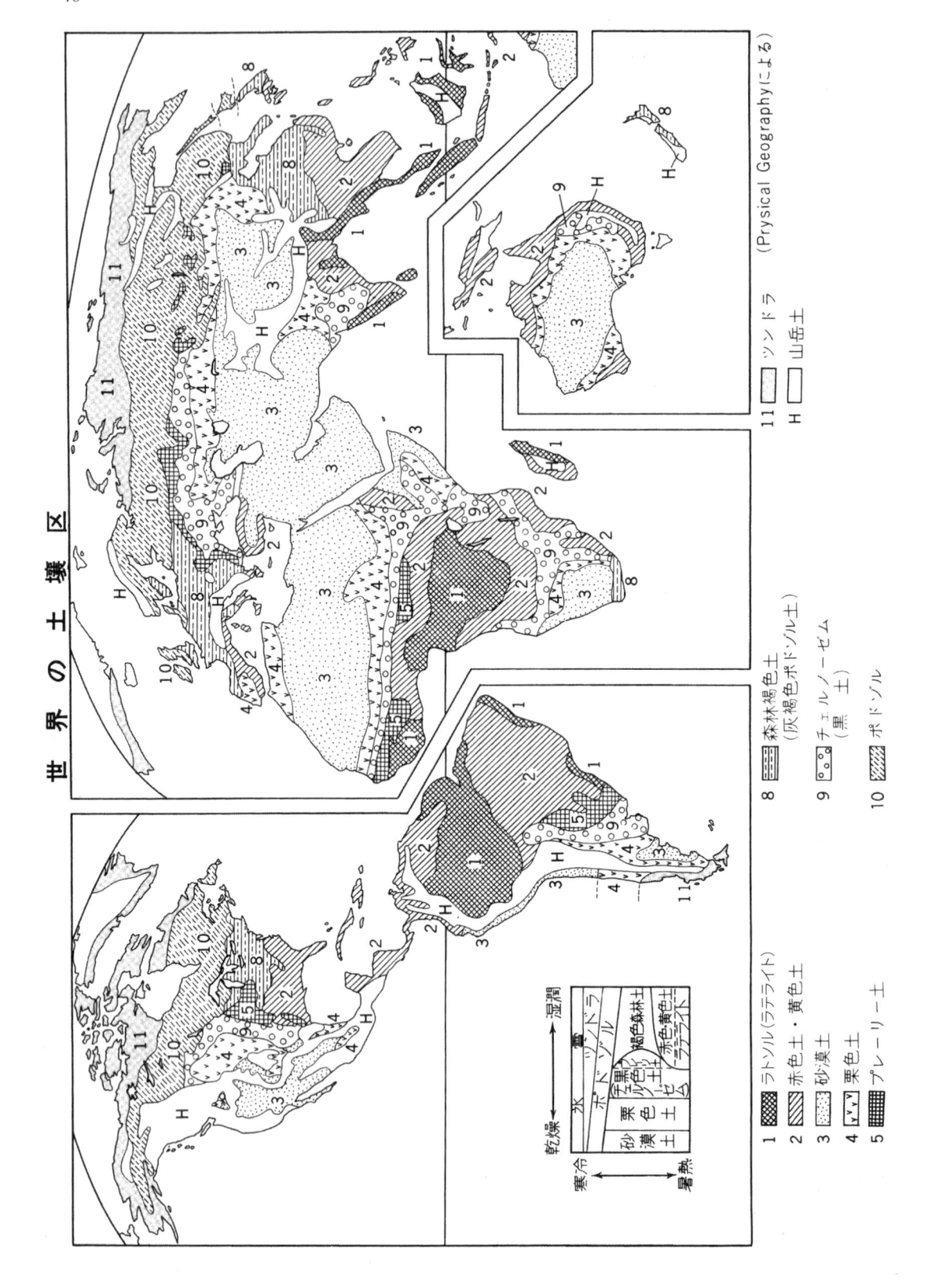

(Prysical Geographyによる)

1 ラトソル(ラテライト)
2 赤色土・黄色土
3 砂漠土
4 栗色土
5 プレーリー土
8 森林褐色土(灰褐色ポドゾル土)
9 チェルノーゼム(黒土)
10 ポドゾル
11 ツンドラ
H 山岳土

世界の植生区

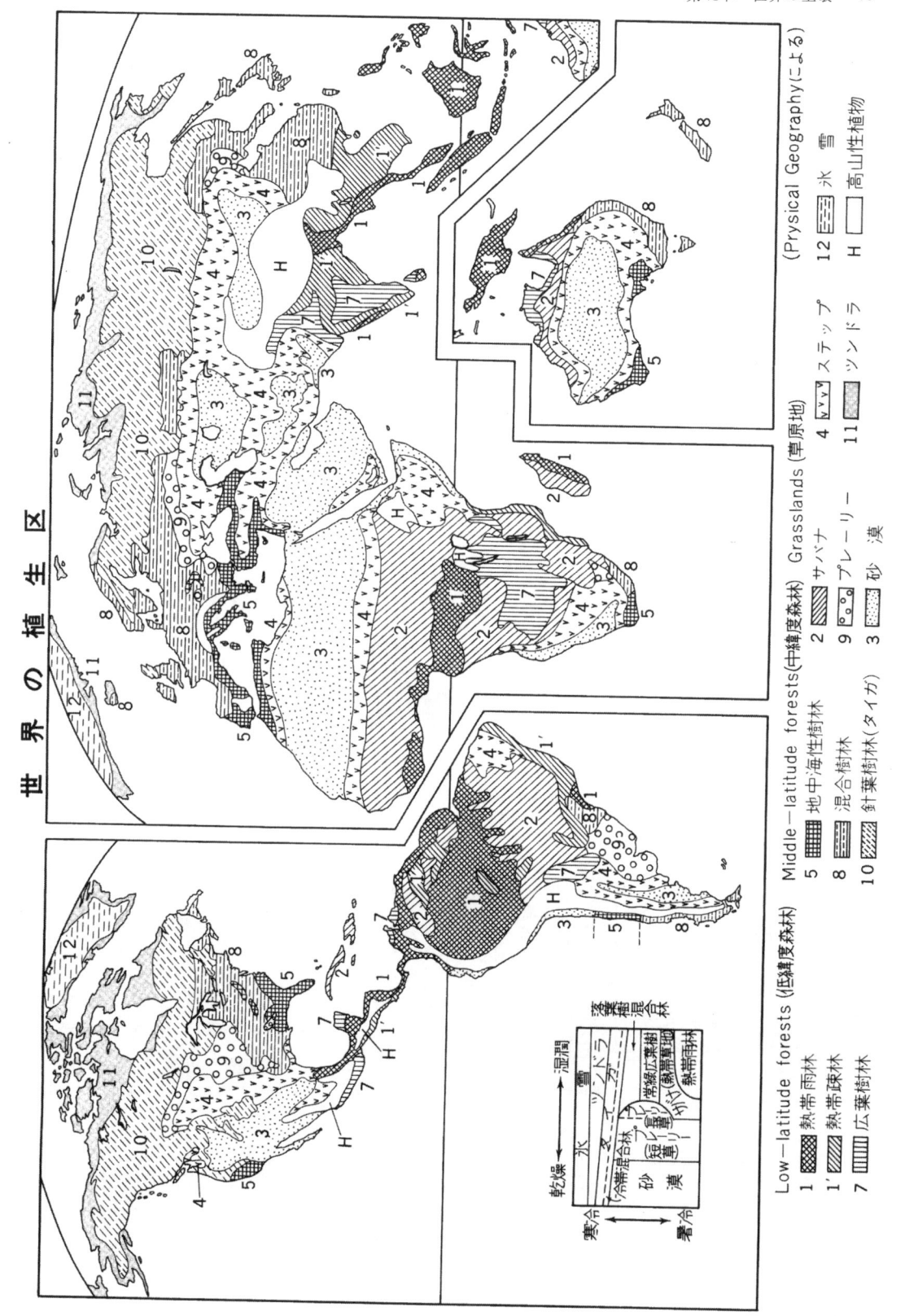

Low-latitude forests (低緯度森林)　Middle-latitude forests (中緯度森林)　Grasslands (草原地)
1 熱帯雨林　　　　5 地中海性樹林　　　　4 サバナ　　　　12 氷　雪
1' 熱帯疎林　　　 8 混合樹林　　　　　 2 プレーリー　　11 ツンドラ
7 広葉樹林　　　　10 針葉樹林(タイガ)　 9 ステップ　　　H 高山性植物
　　　　　　　　　　　　　　　　　　　　　3 砂　漠

(Prysical Geography による)

日本の土壌

凡例
- 次の三種に大別
  - 灰褐色森林土（灰色土を含む）ポドソル
  - 褐色森林土　中間型
  - 赤色土　赤褐色土
- その他新期の火山噴出物を母材とし層化のきわめて不完全なもの
  - 新期火山灰質土（ローム層など地方名称）あわ砂・みそ土・音台
- 日本の農耕地として重要な水田地帯
  - 地下水土壌型（水田土壌）
- 山岳土

0　200km

（鴨下 寛氏ほか）

弱ポドソル性土壌
褐色土壌
赤色土

日本の植生

津軽ひば、秋田すぎ、木曽五木（ひのき・あすなろ・さわら・ねずこ・こうやまき）、北山すぎ、智頭すぎ、日田すぎ、小国すぎ、飫肥すぎ、屋久島すぎ、魚梁瀬すぎ・ひのき、木頭すぎ、吉野すぎ、尾鷲ひのき、天龍すぎ、青梅ひのきすぎ、西川すぎ

- 照葉樹林帯（カシ・シイ）（暖帯）
- 落葉樹林帯（ブナ・カエデ）（暖帯および温帯）
- 常緑針葉樹林帯（エゾマツ・トドマツ）（亜寒帯）

（杉野六氏による）

植生帯区分
- 照葉樹林帯（W 85°〜180°）
- 暖帯落葉樹林帯（W 45°〜85°）
- 温帯落葉樹林帯
- 針葉樹林帯（W 15°〜45°）
- 高山帯

九州・四国・近畿・中部・関東・東北

富士山 3778、白根山 2573m、岩手山 2041m、九重山 1764m、剣山 1955m、弥山 1915m

熊本・福岡・高知・潮岬・大阪・京都・宮津・沼津・甲府・松本・長野・伏木・館本・東京・宇都宮・小名浜・仙台・盛岡・青森・函館

（吉良龍夫氏ほか）

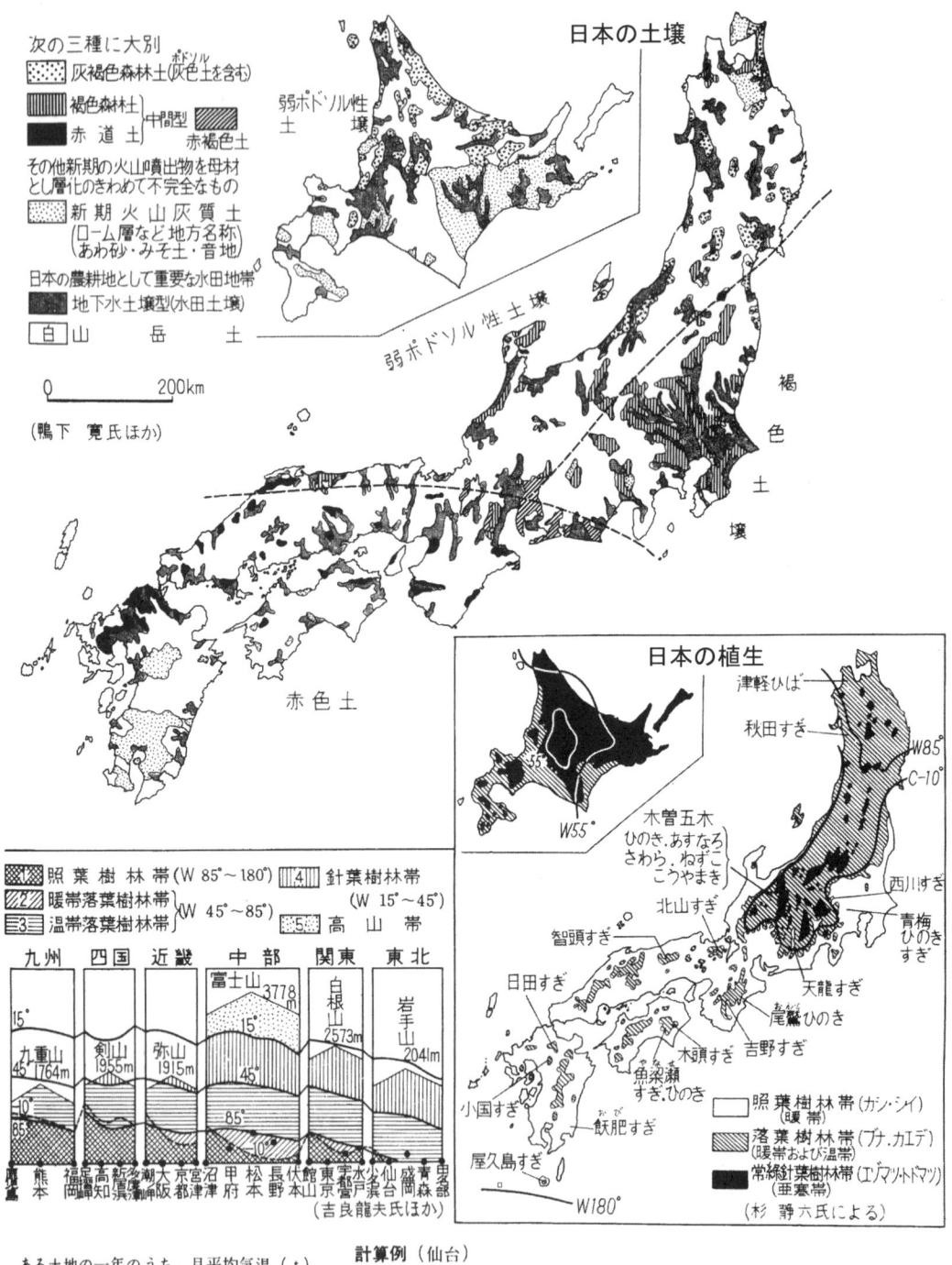

ある土地の一年のうち，月平均気温（t）が5℃以上の月が i 月あるとすると

暖かさの指数 $W = \sum_{i}(t-5)$

世界各地の暖かさの指数は，ほぼ 0〜300°の範囲にあり，それが植物帯の境界線とよく一致する。

計算例（仙台）

月	1	2	3	4	5	6	7	8	9	10	11	12月
平均気温	−0.5	0.1	3.2	8.6	13.6	17.5	22.2	23.7	19.6	13.7	8.2	2.6℃

←――――――生育期間――――――→

寒さの指数 $C = -\{(5+0.5)+(5-0.1)+(5-3.2)+(5-2.6)\} = -14.6°$

暖かさの指数 $W = (8.6+13.6+17.5+22.2+23.7+19.6+13.7+8.2)-5×8 = 87.1°$

Ⅶ 陸　水

水資源

　水の循環は，気温・気圧・風・降雨などの気象条件，あるいは地形・海抜高度・海流・地表の状態などによって左右される。また，地域によって著しい差が生ずる。水資源は，水力発電，灌漑用水，都市の飲料水，家庭用水，工業用水など多方面に利用されている。国内のみならず，国際的にも原子力の平和利用による海水の淡水化，人工降雨，地下水の利用および汚水の処理など水資源開発は重要な課題としてクローズアップされている。

(1) 河　川

①河川の水は，農業や工業の生産・製造活動において，また交通にとって非常に重要な役割を果たしてきている。すなわち，我々の生活を維持していくために必要不可欠なものである。
　1) 文明の発祥地は，世界四大河川（ナイル川，チグリス・ユーフラテス川，インダス川，黄河）の河口付近にみられる。水の得やすい場所に文明が生まれたことは偶然ではない。
　2) わが国においても，河川流域の台地には古代遺跡が多くみられる。また，水の得やすい場所を選んで生活の場を形成してきた。

②河川の営力には，地表の土砂や岩石を削る「侵食作用」，これらの侵食した物質を押し流す「運搬作用」，運搬した物質を積み重ねる「堆積作用」がある。この3作用は，河川のどの部分においても常時行われているが，上流では主として侵食作用によって深い渓谷が形成され，中流では両岸を削るとともに運搬作用が働く。また下流では運搬作用も衰え，土砂を堆積する特徴がある。

③こうした一連の作用の中で，そこに適した生態系が生まれ，豊かな自然環境が形成されている。人間はこの自然環境の恩恵を受け，その特性を利用・活用しながら生産活動や人間生活を営んできた。しかし，これらの河川は人間にとってよいことばかりをもたらしているわけではない。時折発生する洪水は，人間生活の営みを破壊するなどの災害も引き起こしている（風水害）。

(2) 河川の基礎用語

①流　域

　雨や雪など地表に降った水は，一部が地下に浸透あるいは大気中に蒸発するが，残りは集まって表流水（河川）となる。この表流水の集まる範囲を「流域」または「集水域」という。互いに隣り合う流域の境を「分水界」，「流域界」といい，一般的に山の尾根を連ねる線によって分けられる。

　流域面積は河川の流域の広さで，分水界で囲まれた全支流を含めた面積を指す。

　羽状流域と放射流域：支流が本流の左右両側で交互に入ってくる羽状流域では，豪雨であっても各支流からの出水時刻に多少のズレがあるため洪水が比較的緩和されやすい。これに対して盆地にありがちな放射流域での出水は急で，全流域にわたる強雨のときは短時

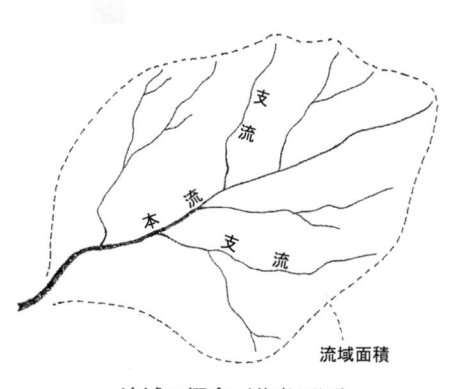

流域の概念（著者原図）

間で大洪水になることが多い。

②上流，中流，下流

河川は，上流・中流・下流と区分がされるが，これは"便宜的"なもので，この地点より上が上流で，これより下が下流であるという明確な区分はない。

上流：主として下方侵食の働くところで，深い谷を形成している

中流：流水が穏やかになり，主として側方侵食が働く。地域によっては河岸段丘がみられる。河原や中洲などには，砂礫が堆積する。

下流：勾配がさらに緩やかになると，河川は蛇行して流れる。砂やシルト，粘土が堆積する。

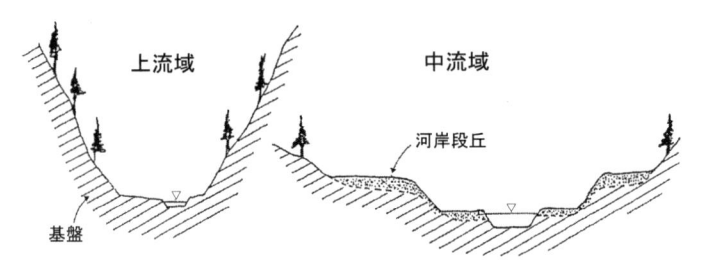

上・中流域の模式（著者原図）

③瀬と淵

水深が浅くて流れの速い「瀬」の部分と，深くて流れの緩やかな「淵」の部分がある。瀬の部分には砂礫の堆積がみられる。この堆積物の構成をみることでその河川の特性をある程度把握することができる。

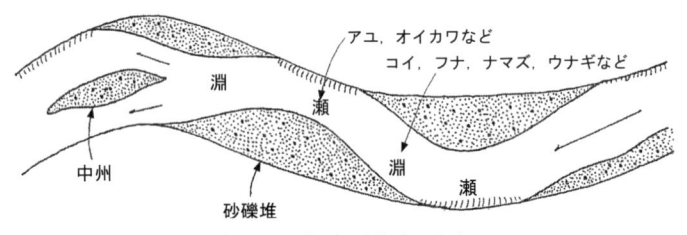

瀬と淵の概念（著者原図）

④河川敷（堤防の右岸と左岸，堤内地と堤外地）

河川の下流部には，堤防が多くみられる。大きな河川では，河川敷にグラウンド・耕作地などがつくられている。この堤防の左右を区別する場合は，下流に向かって右側を右岸堤防，左側を左岸堤防という。また，堤防によって生活の場が守られているという考え方から，居住空間側を堤内地，河川の流れている側を堤外地という。

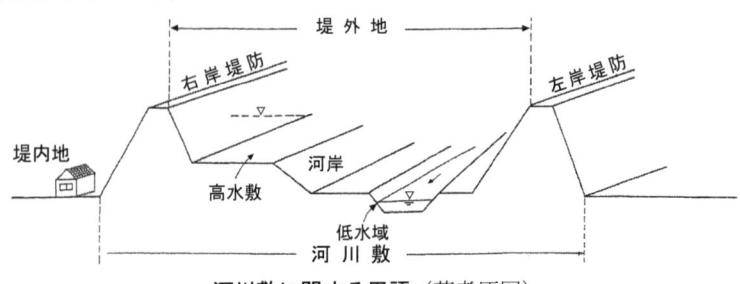

河川敷に関する用語（著者原図）

⑤河川の縦断曲線

「縦断曲線」とは，河川の河口から水源までの縦断面を示したもので，水平距離を横軸，水面の海抜高度を縦軸にプロットし各点を結ぶ。縦断曲線を作成することによって，その河川の地形の特徴や断層の発達状態など河川と地形の関係を知る手がかりとなる。河川の流れが急に速くなる急流や滝を遷急点と呼び，流れが急であったものが緩やかになるところを遷緩点と呼んでいる。このように流れが急になったり，緩やかになったりするところをあわせて遷移点という。

遷移点は堅い岩石のところでは，急流や滝（遷急点）が多くなり断層のあるところでは，急に流れが変化するなど岩石の性質や種類によって河原の状態に差異がみられる。

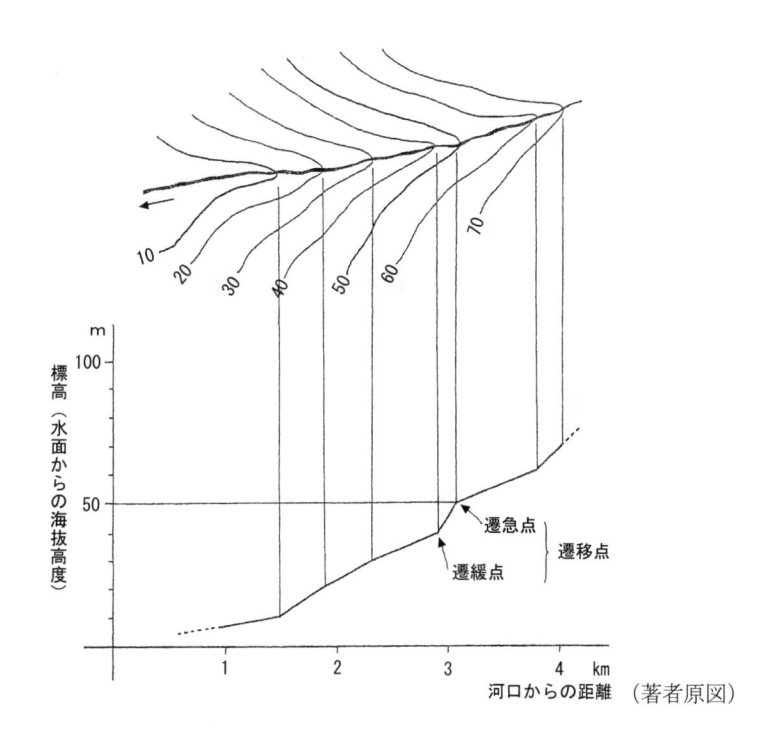

⑥日本の河川の特徴

- 特徴１：欧米の河川と比較して河床勾配が極めて急である。デレーケ（治水技術者：オランダ）は，洪水直後の常願寺川をみて「これは川ではない，滝だ」といった。
- 特徴２：降水強度が大きく，河況係数（最大流量と最小流量の比）が大きいこと
- 特徴３：水運や利水が難しい⇒＜治水が難しい＞

歴史的には，武田信玄による「信玄堤」や輪中，土手など
現在は，河川等級をつけて管理区分を明確化している（「河川法」に基づく）
　　　一級河川：国（国土交通省）の管理
　　　　……２県以上にまたがる場合，流域面積が広い場合（概ね 1,000 km²）
　　　二級河川：都道府県の管理
　　　準用河川：市町村の管理

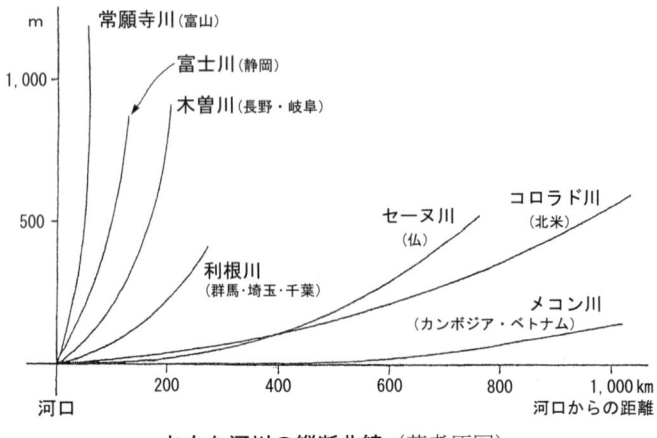

おもな河川の縦断曲線（著者原図）

水　位

平均水位，最高水位と最低水位の平均値。

渇水位：1年の内で355日間はそれより低くなることのない水位

低水位（9カ月水位）：1年の内で275日間はそれより低くなることのない水位

平水位（6カ月水位）：1年中で高い日数と低い日数とが等しい水位

　＊年平均水位とは必ずしも一致せず，たいていわずかに低い

高水位：毎年1，2回発生する程度の出水時の水位

洪水位：数年に1回発生する程度の洪水時の水位

最多水位：1年中で最も多い水位で，通常，平水位よりわずかに低い

平均渇水位・平均平水位・平均低水位：各々の値を数年にわたって平均した水位

量水標（水位標）

河川の水位を測定するもので，一般的に量水標は適当なところに基準をとり，そこを0として水位を目盛り，測定する。

（＊流量に関する用語については上記の水位に準じて用いる．平水量は主として年降水量の多寡に応ずるが，渇水量は年降水量との関係は薄く，むしろ地形・地質・土壌に影響を受ける．一般に火山地域の河川

おもな河川の諸元

河川名	国名	観測地点	流域面積(km²)	流域平均年降水量(mm)	年平均流量(m³/s)	最大流量(m³/s)	最小流量(m³/s)	河況係数
利根川	日本	栗橋	8,588	1,520	285	17,000	72	236
淀川	日本	枚方	7,281	1,985	317	8,650	74	117
信濃川	日本	立ヶ花	6,442	1,910	240	6,500	77	85
筑後川	日本	瀬の下	2,315	2,240	173	8,500	18	473
コロラド川	アメリカ	リーフェリー	286,500	310	530	7,000	70	100
セーヌ川	フランス	パリ	44,300	705	275	2,330	100	23
ローヌ川	フランス	ムラチェ	50,200	2,000	680	5,900	340	17
ライン川	スイス	ラインフェルデン	34,550	1,550	1,100	5,000	360	14
黄河	中国	シェンシン	715,184	470	1,360	25,000	245	102
長(揚子)江	中国	チーキャン	125,000	800	16,300	73,300	3,300	22
メコン川	ベトナム	クラチェ	662,000	1,500	17,200	60,000	1,700	35
ガンジス川	インド	ファラッカ	905,000	1,000	14,000	60,700	1,750	35

（『自然的基礎』より）

は渇水量が多いとされる.)

河況係数

1年中の最大流量と最小流量との比を河況係数といい，係数が「1」に近いほど河況がよいとされている。逆にこれが大きいほど「暴れ川」となる。

河況係数は，流域の形状，勾配，地質，降水量の変化などの条件によって決定される。地形が急峻で降水量の多い日本の河川は，いずれも河況係数が大きく，諸外国の河川と比較して治水・利水に不利な条件を有している。

流速と流量

流速……河川は一定の傾斜があるため水が流れる。この流れの速さを流速という。A地点からB地点までの距離をどの程度の時間で流れるかが流速。

$$V=\frac{L}{T} \quad V:流速，L:距離，T:時間 \quad (m/sec)$$

流量……河川水が流下するには川幅が必要となる。この川幅に深さをかけることにより断面積が求められる。断面積に流速をかけたものが流量。

$$流量 Q = 流速（V）\times 断面積（深さn \times 河川の幅m）$$
$$Q = V \cdot n \cdot m \quad (m^3/sec)$$

(3) 水害に対する古人の知恵

①最も古い治水事業：4世紀仁徳天皇の時代に行われた淀川の新川掘削と茨田堤(まんだのつつみ)の修築

②中世の代表的治水事業：水勢を完全にシャットアウトするのではなく，あくまで被害を最小限に抑えることを旨とした水害対策

・武田信玄による「信玄堤」：甲府盆地を洪水氾濫から守るために釜無川の扇頂左岸に築かれた。釜無川にほぼ直角に合流する御勅使川の洪水の直撃で，しばしば破堤していたが，釜無川と御勅使川の洪水を互いにぶつけ合い，水を以って水を制する対応であった。たとえ越流しても簡単に破堤しないように強固に締め固めるとともに堤防の表裏に水害防備林を配している。

・武田信玄による「霞堤」：雁が飛ぶように平行に並べた不連続な堤防。洪水時には，この不連続部分から逆流が起こるが，扇状地で地形勾配が急であるため，逆流には限度があり，大きな

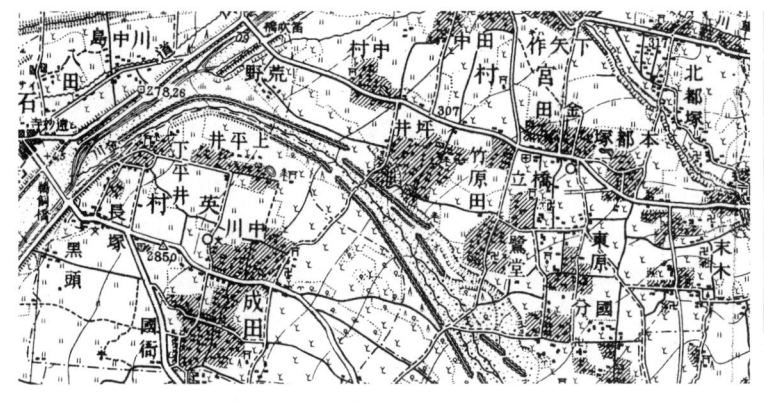

霞　堤
(5万分の1地形図「甲府」昭和4年修正，原寸)

霞堤の模式（著者原図）

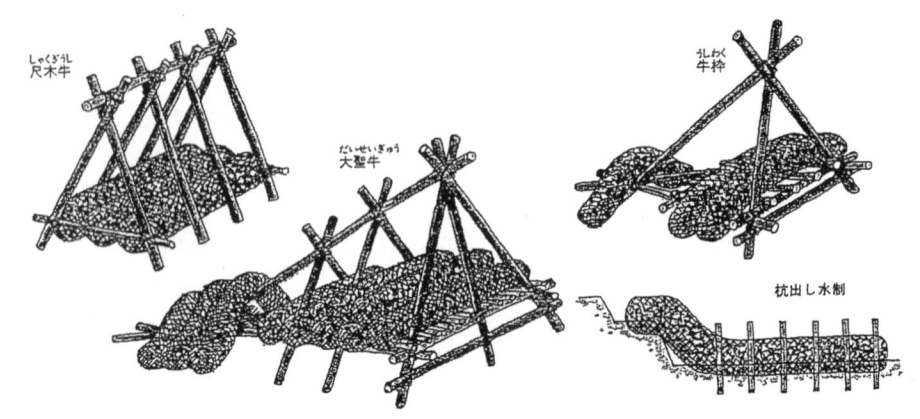

水制のいろいろ（『私たちの暮らしと河川環境』〔1〕より）

氾濫を惹起することはない。水位が低下すると自然に排水されるシステムである。浸水区域は，平常時には耕地として利用した。平常時の堤内排水も利便性が高い。
- 武田信玄による「万力林」：笛吹川の河岸，約15万haに植林した。主として松からなる水害防備林。1713年の洪水で効力を発揮している。
- 水　制：護岸の侵食や破壊防止，橋脚の破壊防止のための水勢を弱める人工的な障害物。
- 輪中堤：集落全体を堤防で囲み，水害発生を防ぐ…木曾三川（木曾，長良，揖斐川）
- 水　塚：屋敷内の一部に盛土をし，その上に蔵をつくって洪水時の避難所とした。
　　……木曽三川，利根川
- 水害防備林：洪水時の流勢を弱めるとともに，破堤防止，被害軽減のために河川に沿って堤防の内外，あるいは堤防上に設けられた帯状の植林帯。樹種は根が深く簡単には流されないケヤキ，クスノキ，マツ，タケが選ばれている。（減勢効果と濾過効果）

③近代における水害対策
- 堤防の複断面化，スーパー堤防，遊水地，地下トンネル，森林整備など
- 河川管理の分担（1級，2級，準用河川），それぞれの官公庁が管理
- 水害地形分類図（ハザードマップ）

(4) 地下水の賦存状態
(1) かつて上水道が一般的に普及していなかった時代，地下水（井戸水）は飲料水として非常に重要であった。したがって地下水の獲得は，集落立地の一つの因子になった。今日でも地下水の価値は高く，むしろ，かつて以上の資源的価値（社会的価値）を有している。

(2) 地下に存在し，地層の間隙や岩石の割れ目を"飽和しながら移動"している水を地下水という。

(3) 地下水の水溜り：地層中に水が溜まる（賦存する）ためには，溜まりやすい地層が必要である。この地層を帯水層（透水層）といい，河川の堆積作用等によって砂や礫が堆積することで形成される。このほか，火山活動によって火山灰や火山礫などが火山山麓に堆積した地層などにも帯水する。砂層や砂礫層が20～30mと厚く堆積する場合は，地下水が大量に存在する可能性が高い。一方，粘土やシルトなどは地下水が帯水しがたく，難透水層（かつては「不透水層」）と呼ばれる。

地下水の賦存状態（著者原図）

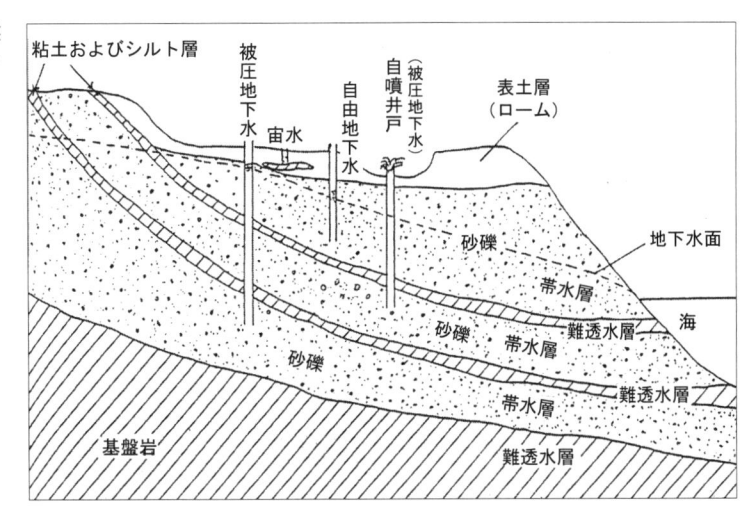

井戸の構造（著者原図）
左図：かつてはつるべで揚水．その後，ガッチャンポンプ（手押しポンプ），右図：スクリーンを複数箇所に設置して揚水．

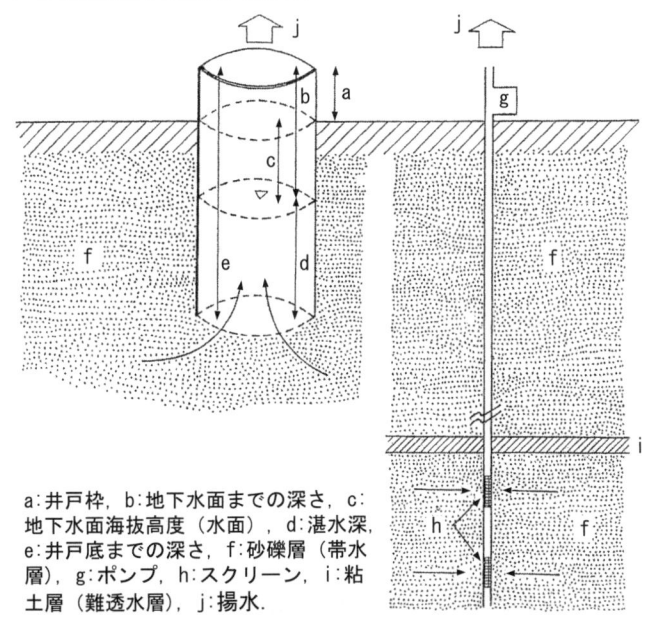

a：井戸枠，b：地下水面までの深さ，c：地下水面海抜高度（水面），d：湛水深，e：井戸底までの深さ，f：砂礫層（帯水層），g：ポンプ，h：スクリーン，i：粘土層（難透水層），j：揚水．

①自由地下水：地表から最も浅い帯水層にある水（浅井戸）

②被圧地下水：上下に難透水層（不透水層）があって，この間にはさまれた帯水層にある水．圧力が強い場合は自噴井となる．鑽井（掘抜井戸）→関東平野の周辺，オーストラリアの大鑽井盆地（灌漑，牧畜に利用）

③宙水：局部的にレンズ状の難透水層があり，そこにたまった地下水．→武蔵野台地の集落立地．まいまいず井戸．

(5) 地下水の水質

地下水の性状を知るための基礎的な調査項目を次ページに整理する．

地下水の場合，土壌中の生物作用で炭酸ガス（CO_2）が溶解するため，pHが5.6になることもある．

天然水のおよそのpH

天然水	pH	特　　　　　徴
雨・雪	4～6	大気中のCO_2，石油の燃焼などから発生するSO_2のため弱酸性を示す．
地下水・河川水・湖沼水	5.6～7.8	pH7以下の弱酸性のものにCO_2などを多く含む場合が多い．河川水は，6.6～7.2，浅い地下水は6.7～7.8である．
温泉水	0.1～10	pH0以下の強酸性の水が存在していたことが知られている．鉱山廃水，酸性水の影響を受けた河川は強酸性を示す．
海水	8.2～8.4	表面水で7.8～8.8の範囲にある．深いところでは，低い（7.7程度）ことが知られている．
腐食酸性水	4	腐食酸を含む水にみられる．日本では，青森以北か高山地域の泥炭湿原に多い．

（『陸水』より）

地下水調査の基本項目

1)	水温	地下水の水温は周囲の地熱とほぼ平衡状態にある．地表面に近い地温は太陽の日射による影響を受けて日変化や年変化があり，地下水の水温もこれとほぼ同様の変化をする．
2)	pH	水素イオン濃度指数ともいう．「7」が中性，それよりも小さな数値を酸性，大きな数値をアルカリ性という．日本の地下水は，概ね5.6〜7.8の範囲にある．pHが5以下である場合と8以上の場合は異常であるとみなし，その要因を別途探る必要が生じる．雨や雪の場合：4〜6，海水の場合：8.2〜8.4
3)	RpH	土壌中の生物作用によって発生した炭酸ガスが水に溶け込み，pHが小さくなることがある．Rphは，試水中に含まれる過剰のCO_2を大気中のCO_2と平衡状態にすることをいう．地下水は，土壌中の生物作用によってCO_2を多く含むことがあるため，RpHを重視する必要がある．
4)	Ca^{2+}	日本の地下水は，Ca^{2+}の含有量が一般的に少なく，5〜20ppm程度である．ただし，鍾乳洞の発達がみられる石灰岩地域等では，Ca^{2+}の含有量が多くなる．
5)	Mg^{2+}	Mg^{2+}は，岩石や土壌に含まれているが，海水中にも多く含まれている．そのため，地下水中にMg^{2+}が多い場合には，海水の遡上があるか，化石水などによる影響があるものと考える．
6)	Cl^-	塩素イオンはNaClとして地下水に溶け込んでいる．したがって海岸付近の地下水には多く含有されることがある．また，火山や温泉によっても供給されることがある．一方，これらの影響が考えられないにもかかわらずCl^-の含有量が多いときには，その地域の人間活動による汚染を考えてみる必要がある．
7)	Na^+	Na^+は，岩石の風化物に多く含まれている．地下水が流下するにしたがって含有量が増え，深い地下水に多く，浅い地下水に少なくなる．しかし，海岸（風送塩）に近いところや，人口密集地域（生活排水の混入）などでは，これに関係なく多くなることがある．
8)	Fe	鉄分は上水道や工業用水などの地下水利用に際して最も嫌われる成分である．飲料水の基準としては0.3ppm以下とされる．
9)	窒素化合物	窒素は蛋白物質の分解によって発生するものであることから，地下水中に窒素化合物やリンが多いことは汚染を意味する． ⅰ）亜硝酸性窒素（NO_2^-）：生活排水に多量に含まれる．アンモニアがバクテリアなどによって酸化され硝酸性窒素になる途中で生成される． ⅱ）硝酸性窒素（NO_3^-）：バクテリアなどによって水中の窒素を含んだ有機物やアンモニウムイオンから生成される．深層地下水中で硝酸イオンが還元されることによっても生成される． ⅲ）アンモニウムイオン（NH_4^+）：亜硝酸イオンと同様に汚染された水に多い．
10)	リン酸イオン	岩石起源のものと，動植物体の分解によるリンがある．有機リンは，動植物の死後，速やかにリン酸となって水に溶ける．したがってリンが検出されることは汚染を意味する．また，リンは洗濯洗剤に含まれているものもある．
11)	電気伝導度（EC）	水の電気抵抗は，溶存イオンが増大すると低下する．伝導度は電気抵抗の逆数であるため，抵抗の減少は電気伝導度が大きくなったことを意味する．水中に溶けている物質が少ないときは電気抵抗が大きくなる． 電気伝導度で測定することにより，全溶解物質のおよその値を知ることができる．地下水では，電気伝導度が300μs/cm以上になる場合は，汚染物質が流入したり，塩水が混入している．
12)	硬度	Ca^{2+}とMg^{2+}の合計量を，炭酸カルシウムの当量に換算してmg/ℓ（ppm）で表したものを硬度という．硬度は以下の式で求められる． 硬度（mg/ℓ）＝（Ca^{2+}の含有量×2.5）＋（Mg^{2+}の含有量×4.1） 軟水：鉱物質の含有量が少ない水で，繊維工業用水，酒造業などに利用されている．硫酸塩を含む水は，沸点100℃でも軟水にならないので，永久硬水という． 硬水：カルシウム塩類，マグネシウム塩類の含有量の多い水で，100ccの水中にカルシウムが$CaCO_3$として計算して1mgのとき1度，マグネシウムならば1.4度とする．工業上は，20度以上の水を硬水，20〜10度は通常硬水，10度以下を軟水としている．

（著者作成）

まいまいず井戸

堀井の技術が未発達の頃，地下水が比較的深い位置に存在し，軟質の地盤からなる地域でつくられていた井戸である．

東京都羽村市の"まいまいず井戸"は1741年に完成し，15日間で延べ600人の作業であったと記録されている（直径：16 m，底面直径：5 m，深さ：4.3 m，中央に直径1.2 m，深さ5.9 mの井戸がある……中央の井戸からは，つるべ，桶，竹ざお，縄紐などで地下水を汲み上げた．

その他，埼玉県所沢市，狭山市（堀兼の井），式根島（共同井）等に残っている．

地下水の水質は，浅いものほど酸性が強く，深くなると中性からアルカリ性の値を示す．

カナート・マンボ

乾燥地域イランの山岳地帯は，冬の積雪が春に融水し，地下に浸透する．この地下に浸透した伏流水を利用して地下水路をつくって（乾燥地域は水の蒸発量が大きいため）平地まで導き，飲料水，灌漑用水などに利用する．この地下水路をカナートと呼ぶ．地域によっては，カレーズ（アフガニスタン），フォガラ（北アフリカ）などと呼ばれている．

日本でも同様の構造をしている水路があり，マンボ（三重県）と呼ばれる．マンボは水利条件の劣悪な扇状地，段丘，山麓の崖錐性斜面などの地域にみられる．マンボは下流から順に縦穴が掘られ，その間をトンネル（横穴）でつないだものである．縦穴は横穴を掘るときの換気と土砂，礫の搬出のためにつくられたもので10〜30 mの間隔で掘られている．地表面からの深さは，2から15 m程度，横穴の長さは1,000〜1,500 mある．

(6) 地下水と人間生活

地下水と人間生活とのかかわりを歴史的にみる時，一つの時間的境目は，上水道の完成時にあると考えられる．上水道完成以前は，自然状態にある水を飲用等に使用するのみであったが，上水道が完成すると導水することによって居住可能な地域が拡大した（因みに日本初の飲料用水道が完成したのは，"江戸"であり，徳川家康の入府を契機として1600年代初期に木桶形式の導水施設ができた）．

① 古　代：古代（古墳時代以前）において人間生活のステージになったのは，遺跡や貝塚の分布から推定されるように湧水のある台地・丘陵の縁辺部や洪水による被害が少なく，かつ淡水の得られる中小河川沿いの地域であった．当時は，井戸掘削技術もなく，地下水の利用というより

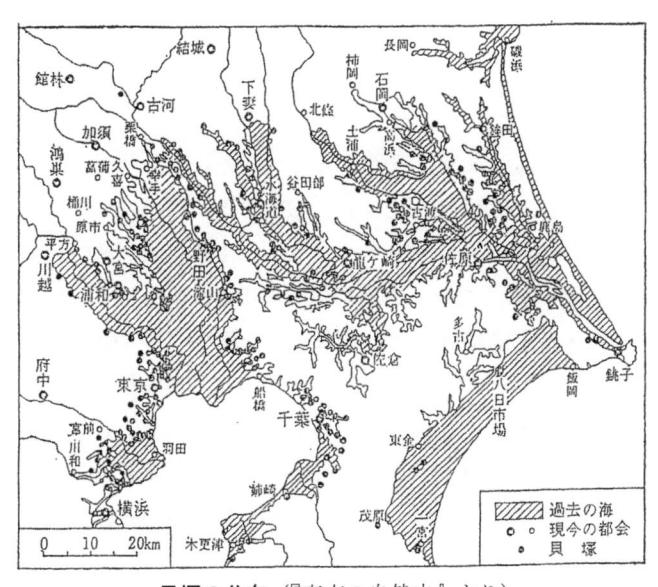

貝塚の分布（『東京の自然史』より）

> 『上総掘り』：江戸の文化年間に上総地方（現在の千葉県君津市あたり）で完成した井戸掘削技術である．掘削は1日に約1.8 m可能とされ，有効な帯水層に達するまで掘り続ける．記録では，数百m掘削した井戸があるという．現在，国の重要有形民俗文化財の指定を受けており，その用具は千葉県立上総博物館に所蔵されている．技術自体は今でも認められており，海外青年協力隊等によって開発途上国へ技術援助している．
>
> <"掘抜き"技術の進展>
>
> 江戸時代，都市人口の増加に伴い，飲料水の需要が増大する．また，非衛生的な生活環境が，用水の汚染やそれによる疫病の流行もみられた．こうしたことが契機となって，より良質な水を得ることを可能とする"掘抜き"の技術が進展した．その歴史を概観すると以下のようになる．
>
> 　揉貫掘り：1723年頃，江戸の五郎右衛門が節を抜いた竹を打ち込んで自噴井を得たのが最初
> 　金棒掘り：上方で煽（あおり）というばね仕掛けの装置に鉄製の錘で掘る技術が考案され，掘削技術が飛躍的に向上した
> 　上総掘り：竹を継ぎ足したヒゴの先に突き掘り用の鉄管とのみをつけた装置で，竹の弾力を利用して掘削する方法で，深層地下水を得ることができるようになる
> 　機械掘り：1910年代以降

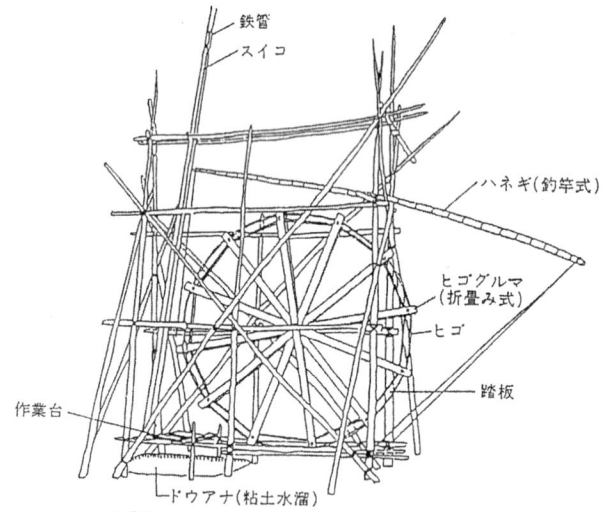

上総掘り（『地下水資源・環境論』より）

はむしろ湧水の利用が主体であったと考えられる。人口も少なく，水質汚濁もなかった頃はこれをそのまま飲料水として利用していた。ただ，古事記，日本書紀などの文献の中に「天の真名井を掘らせ給ふ」の記述もあることから，中央あるいは都市部など部分的には井戸水，すなわち地下水の利用もあったものと考えられる。

②中世以降，上水道の完成に至るまで：現在一般に使用される井戸のことをかつては「堀井」と呼んでいたが，当時は，天然のものも人工のものもすべて用水を汲む場所を「井」といった。後に堀井の場合は"水の出入り口"という意味から"戸"の字を付して「井戸」と呼ぶようになった。

堀井の発達は，仏教伝来時（6世紀）にまで遡るといわれる。僧侶によってもたらされた堀井の技術は，良質の水を得ることができるものとして各地に伝播するとともに，技術の進歩によって徐々に浅井戸から深井戸へ，また軟質地盤掘削から硬質地盤掘削へと進化した。こうして賦存量の多い地下水面の深い井戸を求めた。手桶では揚水することが困難となり，釣瓶で揚水するようになっていく。

戦国時代になると武士は，外敵に備えて山岳あるいは平野に面した台地・丘陵地に城（館）を設けるようになる。それらの場所は，当然水利の便が悪かったため，飲料水確保のために堀井をつくり，これに依存していたものと考えられる。

③江戸時代：1600年代初頭，江戸で上水道が設置されると全国の主要都市でも上水道設備が設置され始めた。多くは河川からの直接導水によって賄われた。一方，堀井の技術も相当の進展をみせる。江戸時代中期には，掘貫井（揉貫掘り，後に上総掘り）の開発をみ，飲料用のほか灌漑用など産業用水としても地下水が広く利用された。

④近　　代：上総掘りの進展によって，深層地下水の揚水に成功すると，それらの地下水が量，質ともに良好であったため，地下水利用は，その後飛躍的に伸びていく．土木技術も木製から鉄製へと変わり，堀井の主流は機械掘りへと変化していく（1910年以降）．

　この頃になると，都市部の飲料水，工業用水は深層地下水に求めるようになり，他方，農村部では飲料用はもとより農業用水として利用されるようになる．部分的には，浅井戸や湧水の利用もみられるが，多量の揚水が可能という点で利用面での主流は，深層地下水が対象となった．

⑤近　　年：1960年代以降の高度経済成長期から，生活用，工業用，農業用の水源として地下水の利用はさらに増大した．それに伴い大都市を中心に，地下水の過剰揚水に起因する地盤沈下，塩水化などの地下水障害が顕著になった．こうした状況を背景として，地下水・湧水の資源としての有限性，清浄性等の特性を見直す機運が高まり，地下水をとりまく環境の保全・継承といった運動がみられるようになった．なお，法的規制としては，工業用水法（昭31），建築物用地下水の採取の規制に関する法律（昭37），環境基本法（平成5：昭和42年の公害対策基本法を廃止）などがある．

ミネラルウォーター：ミネラルウォーターの4つの種類（　）内は殺菌等の処理方法

(a)ナチュラルウォーター：特定水源から採取された地下水（濾過，沈殿，加熱殺菌のみ）

ミネラルウォーターの上手な使い分け方(硬度別)

硬度	商品例(カッコ内は硬度)	適するもの	
0	ロッキーマウンテン(6.5) ルソ(8.4) スパ(14) 富士の泉水(32) サンベルナルド(32.44)	水もどしのだし(椎茸，ほたて等) かつおだし，昆布だし 緑茶	料理
50	ボルヴィック(50) 明星富士桂の水(59) 龍泉洞地底湖の水(81) ハウス六甲のおいしい水(83)	紅茶 炊飯，料理全般 コーヒー	
100	磁気ミネラル74 成羽の水(130) ハイランドスプリング(175) バルヴェール(176.5) ナヤ(183)	しゃぶしゃぶ 鍋物	
200	ファリス(202.5) エビアン(297.5)	洋風だし(スープストック，牛すね肉等)	
300	ペリエ(364.5)	食前酒がわりに(口をさっぱりさせる)	
500	アポリナリス(691.2) サンペレグリノ(733.6)	スポーツのあとのミネラル補給 妊産婦などのカルシウム補給	健康促進
1,000	トニースタイナー(969.5)		
1,500	コントレックス(1503.5)	ダイエット，便秘解消等	

(『ミネラルウォーターガイドブック』より)

ナチュラルミネラルウォーターの水質（mg/ℓ）

商品名	国	pH	Ca²⁺	Mg²⁺	Na⁺	K⁺	硬度	備考
ヴィッテル	仏	7.5	91.0	19.9	7.3	—	309	
エビアン	仏	7.2	78	24	5	1	293	
コントレックス	仏	7.3	486	84	9.1	3.2	1559	
ペリエ	仏	5.3	147.3	3.4	9	—	382	
ボルヴィック	仏	7	9.9	6.1	9.4	5.7	50	
ティナント	英	7.7	22.5	11.5	22	1	103	
クリスタルガイザー	米	8	16.5	1.6	—	1.7	48	
ウリベート	伊	6	202	30	11.4	—	628	
龍泉洞の水（岩手）	日	7.6	35.2	2.2	2.3	0.3	97	(社)岩泉町産業開発公社
南アルプスの天然水（山梨）	日	7.1	9.7	1.4	4.9	2.8	30	サントリー（株）
富士ミネラルウォーター（山梨）	日	7.7	32	1.9	26	0.8	88	富士ミネラルウォーター（株）

(b)ナチュラルミネラルウォーター：特定水源から採取された地下水のうち，地下で対流または移動中に無機塩類が溶解したもの（濾過，沈殿，加熱殺菌のみ）

(c)ミネラルウォーター：ナチュラルミネラル：ウォーターの原水と同じ（濾過，沈殿，加熱殺菌以外に，複数の原水の混合，ミネラル分の調整，オゾン殺菌，紫外線殺菌，曝気等の処理を施したもの）

(d)ボトルドウォーター：飲用適の水，純粋，蒸留水，河川の表流水，水道水等（処理方法の限定なし）

1 羊蹄のふきだし湧水
2 甘露泉水
3 ナイベツ川湧水
4 富田の清水
5 渾神の清水
6 龍泉洞地底湖の水
7 金沢清水
8 桂葉清水
9 広瀬川
10 六郷湧水群
11 力　水
12 月山山麓湧水群
13 小見川湧水
14 磐梯西山麓湧水群
15 小野川湧水
16 八溝川湧水群
17 出流原弁天池湧水
18 尚仁沢湧水
19 雄川堰
20 箱島湧水
21 風布川・日本水
22 熊野の清水
23 真姿の池湧水群
24 御岳渓流
25 秦野盆地湧水群
26 洒水の滝・滝沢川
27 龍ケ窪の水
28 杜々の森湧水
29 黒部川扇状地湧水群
30 穴の谷の霊水
31 立山玉殿湧水
32 瓜裂の清水
33 弘法池の水
34 古和秀水
35 御手洗池
36 瓜割の滝
37 お清水
38 鵜の瀬
39 忍野八海
40 八ケ岳南麓高原湧水群
41 尾白川
42 猿庫の泉
43 安曇野わさび田湧水群
44 姫川源流湧水
45 宗祇水
46 長良川（中流域）
47 養老の滝・菊水泉
48 柿田川湧水群
49 木曽川（中流域）
50 智積養水

51 恵利原の水穴
52 十王村の水
53 泉神社湧水
54 伏見の御香水
55 磯清水
56 離宮の水
57 宮　水
58 布引渓流
59 千種川
60 洞川湧水群
61 野中の清水
62 紀三井寺の三井水
63 天の真名井
64 天川の水
65 壇鏡の滝湧水
66 塩釜の冷泉
67 雄町の冷泉
68 岩　井
69 太田川（中流域）
70 出合清水
71 別府弁天池湧水
72 桜井戸
73 寂地川
74 江川の湧水
75 剣山御神水
76 湯船の水
77 うちぬき
78 丈の淵
79 観音水
80 四万十川
81 安徳水
82 清水湧水
83 不老水
84 竜門の清水
85 清水川
86 島原湧水群
87 轟渓流
88 轟水源
89 白川水源
90 菊池水源
91 池山水源
92 男池湧水群
93 竹田湧水群
94 白山川
95 出の山湧水
96 綾川湧水群
97 屋久島宮之浦岳流水
98 霧島山麓丸池湧水
99 清水の湧水
100 垣花樋川

名水百選の名称と位置（環境省資料より）

(7) 日本の地形と陸水

日本の地形

弧状列島（花綵列島）……千島列島——日本列島——琉球列島，環太平洋造山帯・火山帯の一部
↓
小笠原

北端：弁天島（稚内市）45°31′28″N 　　東端：南鳥島（東京都）153°58′00″E
南端：沖ノ鳥島（東京都）20°25′34″N 　　西端：鳥島（長崎県福江市）128°06′22″E

フォッサ・マグナ……日本を二分する大地溝帯（西縁は糸魚川－諏訪湖－静岡を結ぶ構造線）。糸魚川から静岡までを結ぶ断層によって生じた大低地帯で，幅50～60kmの構造線。これによって東日本・西日本に二分される。ナウマン（ドイツ）による名称（糸魚川＝静岡構造線）。

日本の陸水

□主要ダム
G重力式
Aアーチ式
Rロックフィル

湖沼（面積順位）
※は塩湖，（　）内は成因，mは水面標高

① 琵琶湖（断層湖）　85m
※② 八郎潟（潟湖）…干拓
③ 霞ヶ浦（溺谷型沖積閉塞湖：dA）
※④ 猿澗湖（潟湖）
⑤ 猪苗代湖（カルデラ湖）514m
※⑥ 中海（潟湖）
※⑦ 宍道湖（潟湖）
⑧ 北浦（dA）
⑨ 屈斜路湖（カルデラ湖）121m
⑩ 支笏湖（カルデラ湖）248m
※⑪ 浜名湖（溺谷型潟湖；dL）
⑫ 洞爺湖（カルデラ湖）83m
⑬ 小川原沼（dL）
⑭ 十和田湖（カルデラ湖）401m
⑮ 能取湖（dL）
※⑯ 風蓮湖（dL）
⑰ 網走湖（dA）
※⑱ 厚岸湖（dL）
※⑲ 河北潟（潟湖）
⑳ 田沢湖（カルデラ湖）250m
㉑ 印旛沼（dA）
※㉒ 十三潟（潟湖）
㉓ 摩周湖（カルデラ湖）351m
　世界最深透明度（41.6m）
㉔ 諏訪湖（断層湖）759m
㉕ 阿寒湖（カルデラ湖）
㉖ 中禅寺湖（熔岩堰止湖）1271m
㉗ 芦ノ湖（カルデラ湖）723m
※㉘ 邑知潟（潟湖）…干拓
㉙ 檜原湖・秋元湖（泥流堰止湖）819m
※㉚ 池田湖（カルデラ湖）66m

メディアンライン……諏訪湖から天竜川沿いに南下し，途中から紀ノ川，吉野川，阿蘇，八代方向に走る断層線で，日本を高原状の内帯と急峻な山地の外帯とに二分している（中央構造線）。

山がち……山地76%（うち火山地9%），洪積台地11%，低地（沖積平野）13%。耕地率……全国土の16%。

地殻変動が激しく地形は変化に富む。

山地：多くの断層，モザイク状に細分，壮年的で急峻。平野：落ち込んだ構造性盆地が多い。

短小な急流河川……激しい侵食作用。堆積による扇状地，三角州（沖積平野）。

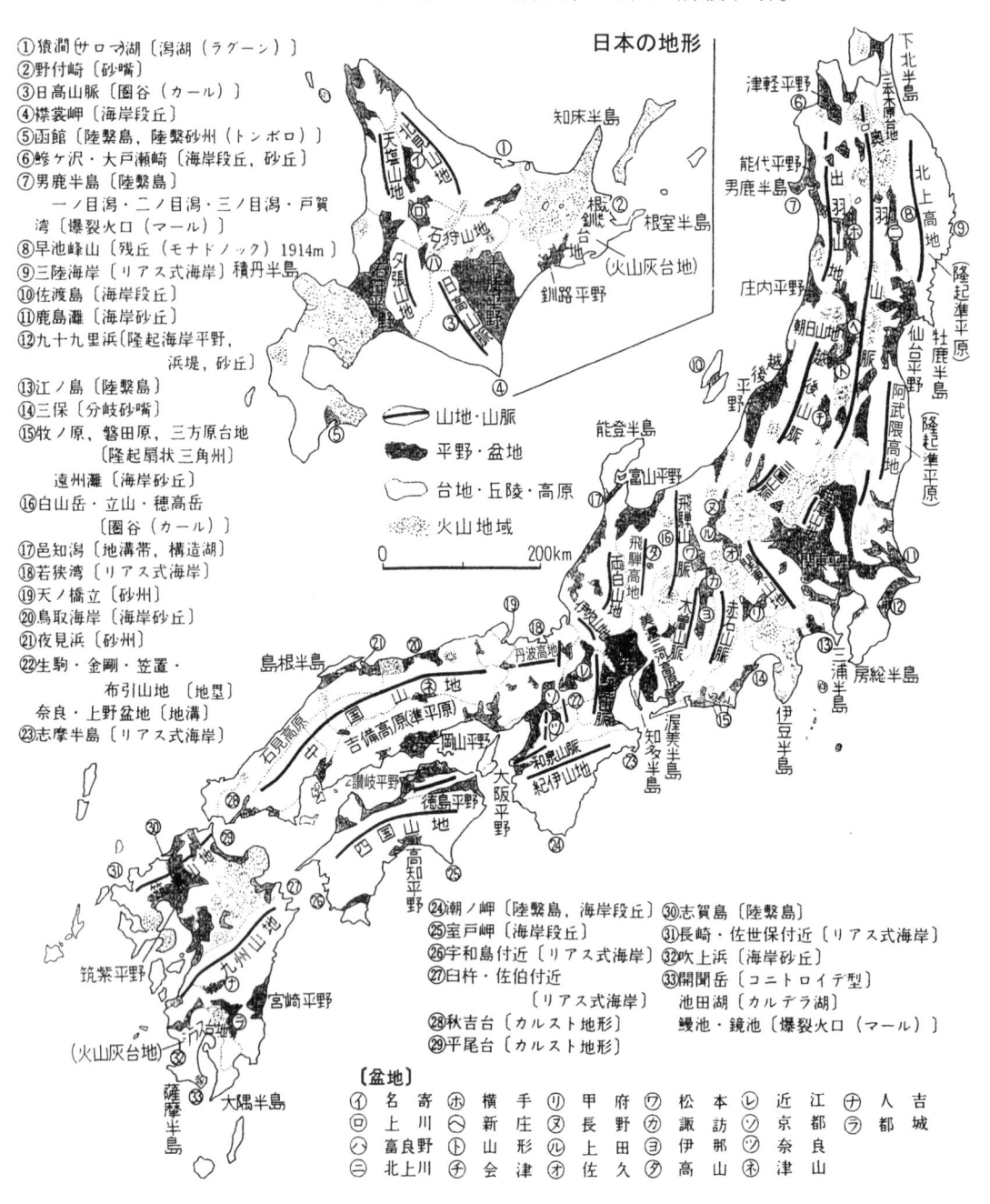

①猿間サロマ湖〔潟湖（ラグーン）〕
②野付崎〔砂嘴〕
③日高山脈〔圏谷（カール）〕
④襟裳岬〔海岸段丘〕
⑤函館〔陸繋島，陸繋砂州（トンボロ）〕
⑥鰺ヶ沢・大戸瀬崎〔海岸段丘，砂丘〕
⑦男鹿半島〔陸繋島〕
　一ノ目潟・二ノ目潟・三ノ目潟・戸賀湾〔爆裂火口（マール）〕
⑧早池峰山〔残丘（モナドノック）1914m〕
⑨三陸海岸〔リアス式海岸〕積丹半島
⑩佐渡島〔海岸段丘〕
⑪鹿島灘〔海岸砂丘〕
⑫九十九里浜〔隆起海岸平野，浜堤，砂丘〕
⑬江ノ島〔陸繋島〕
⑭三保〔分岐砂嘴〕
⑮牧ノ原，磐田原，三方原台地〔隆起扇状三角州〕
　遠州灘〔海岸砂丘〕
⑯白山岳・立山・穂高岳〔圏谷（カール）〕
⑰邑知潟〔地溝帯，構造湖〕
⑱若狭湾〔リアス式海岸〕
⑲天ノ橋立〔砂州〕
⑳鳥取海岸〔海岸砂丘〕
㉑夜見浜〔砂州〕
㉒生駒・金剛・笠置・布引山地〔地塁〕
　奈良・上野盆地〔地溝〕
㉓志摩半島〔リアス式海岸〕
㉔潮ノ岬〔陸繋島，海岸段丘〕
㉕室戸岬〔海岸段丘〕
㉖宇和島付近〔リアス式海岸〕
㉗臼杵・佐伯付近〔リアス式海岸〕
㉘秋吉台〔カルスト地形〕
㉙平尾台〔カルスト地形〕
㉚志賀島〔陸繋島〕
㉛長崎・佐世保付近〔リアス式海岸〕
㉜吹上浜〔海岸砂丘〕
㉝開聞岳〔コニトロイデ型〕
　池田湖〔カルデラ湖〕
　鰻池・鏡池〔爆裂火口（マール）〕

〔盆地〕
イ名寄　ホ横手　リ甲府　ヲ松本　レ近江　サ人吉
ロ上川　ヘ新庄　ヌ長野　ワ諏訪　ソ京都　キ都城
ハ富良野　ト山形　ル上田　カ伊那　ツ奈良
ニ北上川　チ会津　オ佐久　ヨ高山　ネ津山

日本の地形

火山の発達著しい……緑色凝灰岩(グリーンタフ)地域。地形的災害が多い。
人口稠密(ちょうみつ)から人工の加わる地形変化多い……干拓，埋立て，ダムの堆砂
河川敷の堆積による天井川形成。地盤沈下による海面下の土地形成。宅地造成に伴う変化。

(8) 湖　沼

①**湖沼の区分**：湖沼の区分は，湖沼の水域によって，湖・沼・池・潟湖（ラグーン）等に区分されているが，それぞれの区分の漸移的なものも存在する。

②**湖沼の分類**：湖沼の分類は，水質，湖沼に生息する生物，湖沼の成立要因などにより，多くの説があるが，ここでは，1957年ハッチンソン(Hutchinson)が発表した湖沼の分類を吉村・堀内氏が整理したものも紹介する。

湖沼の区分

名　称	水　深	水　域　周　辺	中　央　部
湖	5m以上	挺水（ていすい）植物（ヨシ，マコモ，ガマなど）が湖岸に存在している（水沢植物）	沈水植物の生育ないものもある（クロモ，マツモ，センニンモ，セキショウモ，ウメバチモなど）
沼	2〜5m以内	沈水植物が生育	沈水植物が生育
沼・沢（湿地） 池	1m内外 水深関係なし 小さいもの	挺水植物 人工的な湖（湖・沼的なものもある） 挺水植物の稲作（水田）栽培もみられる	挺水植物
潟湖 （ラグーン）	海と関連しているものもある	砂州，砂嘴によって海から切り離されているものもある 多くの潟湖は，漁業・養殖業などが発達	

（『海洋と陸水』より）

湖沼の水温特性

夏に湖で泳ぐ（潜る）のは危険！

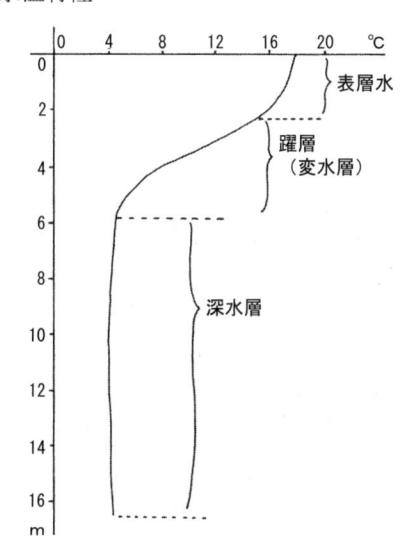

・湖沼の水温特性

湖沼の水温特性（著者原図）

a. **表水層**：太陽の輻射熱によって暖められた表面の水は比重が小さく，表面にとどまる．
b. **躍層（変水層）**：急激に水温が下がる．ここは1〜2mにつき2〜5℃も低くなり，急激な水温の変化のある層．
c. **深層水**：躍層の下層の水温は均一になり，4〜5℃になる．この下層の部分を深水層と呼ぶ．

③湖沼にみられる地形

湖沼に流入する河川や気候変化による水位の変化，湖面を吹く風によって生じた波浪による湖岸の侵食，生物の生産活動などによって，湖岸や湖底にさまざまな地形が形成される。

湖沼の分類

分類	名称	成因	代表的な例
内的・外的営力による分類	断層湖	地殻変動の断層によってできた低地に水がたまってできた湖	バイカル，タンガニーカ湖，諏訪湖，仁斜三湖
	火口湖（カルデラ湖）	火山活動が終わった後に，火口（カルデラ）に雨水，地下水がたまってできた湖	赤城小沼，十和田湖
	堰止湖	火山流，土石流，地すべりなどによって河川が堰き止められてできた湖	富士五湖，長野湧池，印旛沼
	河跡・湖（三日月湖・牛角湖）	河川の蛇行の一部が本流から切り離されてできた湖	石狩川流域に多い
	海跡湖	沿岸州によって海だったところが州によって囲まれ，海と切り離されてできた湖 湖水には塩分が多い	浜名湖，霞ヶ浦
	潟湖	陸地から延びた砂州，砂嘴それに沿岸州などの発達により海の一部がこれらの州によって囲まれ海洋から分離されてできた湖	サロマ湖，風連湖
	氷河湖	氷河の後退のとき氷食によってできた低地に氷河水がたまってできた湖	五大湖，北西ヨーロッパに多い

(ハッチンソン，1957の分類を，さらに堀内が整理する)

分類	名称	成因	代表的な例
生物の生息環境による分類	富栄養湖	生物，とくに植物の生育に必要な燐 0.02mg/ℓ 以上，窒素 0.2mg/ℓ 以上などが多いため，植物プランクトンが豊富で透明度は 4～5 m 以下	霞ヶ浦，手賀沼
	貧栄養湖	水中の栄養塩類が少ないため，プランクトンも少ない 魚の生息も少ない そのため，透明度は 10～30 m もある	摩周湖，阿寒湖，田沢湖
	腐植栄養湖	腐植質の多い湖で植物やプランクトンの増殖に必要な燐・窒素などの栄養塩類を腐植物が吸着してしまうので，生物が育ちにくく，強い酸性を示す	尾瀬沼，北海道の泥炭地
	酸栄養湖	火山地方に多くみられ，塩酸や硫酸により pH は 5.5 以下の酸性の強い湖	宇曽利湖（恐山）
	アルカリ栄養湖	石灰岩地域や乾燥地域にみられる湖で pH は 10～11 にも達し，生物の生息は不可 日本にはこの湖沼は存在しない	

(吉村信吉『湖沼学』1937を，山岸・沖野，1974が作成する)

分類	名称	成因	代表的な例
塩分濃度による分類	淡水湖	湖水の 1 リットル中に 500mg 以下の塩分を含む湖沼をいう 工業・農業・飲料水に利用 普通湖は 1 リットル中に 100mg の塩類が含まれていて生物の生育に必要な燐酸や硝酸塩が十分に存在している	
	鹹水湖	湖水の 1 リットル中に 500mg 以上の塩分を含む湖沼で，汽水湖，鉱水湖，鹹湖に分けられる	
	①汽水湖	水路で海と結ばれているので，塩水が遡上するが，塩水は比重が重いので湖底を流れ，湖面近くは河川水が入るので淡水である	涸沼，サロマ湖
	②鉱水湖	火山地方に多くみられ，湖水 1 リットル中に 500mg 以上の硫酸石灰，塩素，鉄，マンガンなどの塩類を含む	磐梯五色沼
	鹹湖	乾燥地帯にみられ，蒸発量が多いため湖水 1 リットル中に塩分 1,150mg 以上含まれる湖	死海，グレートソルトレイク湖

(『人間をとりまく自然と環境』より)

(a) **湖　棚**：湖岸周辺にみられる水深 1～2 m の浅く平坦な地形で，わずかな傾斜がみられるところ。湖棚では主として堆積が行われる。

(b) **湖棚崖**：湖棚から沖に出たところにある傾斜部分で，ここから水深が急に深くなる。波浪による侵食を受けるが，部分的にこれらの侵食物を再堆積させている。

(c) **湖底平原**：湖棚崖前方の湖底の平坦地。河川運搬物，湖沼中の生物や湖岸の植物の遺骸などが堆

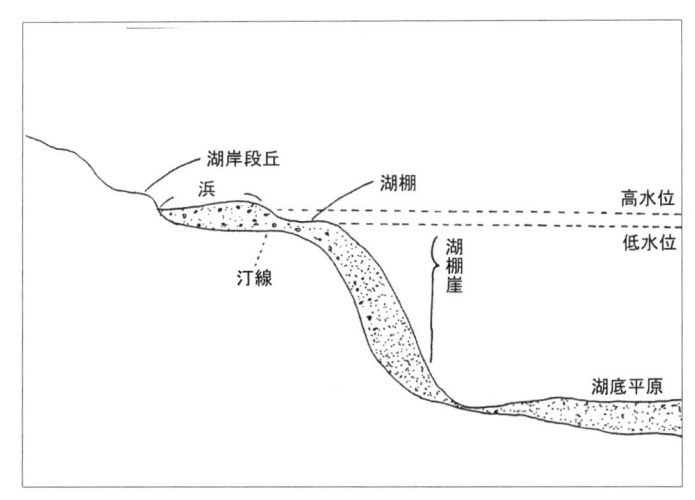

湖沼の地形（著者原図）

積して形成される。

(d)**湖岸段丘**：湖沼の周囲にみられる段丘。気候変化や地盤運動，侵食や堆積に伴う水の流入量・流出量の変化などに伴って生じる湖水位の変化によって形成される。

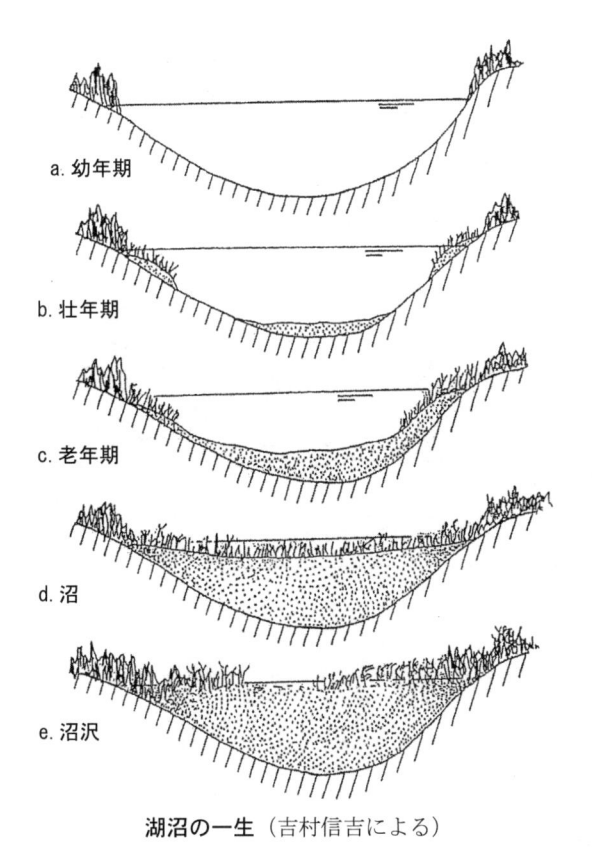

(e)**澪**（みお）：湖流の強いところに溝状に形成される凹地。1～3 mの浅い湖に9 m以上の深い澪が形成されているところもある。

湖沼の一生

湖沼には，流入する河川によって粘土や砂礫が堆積される。また，湖岸は波浪などによって侵食を受ける。さらに湖水中では，生物の生産活動が行われて，その遺骸や有機物が沈殿し徐々に埋積されていく。このような変化を「湖沼型の遷移」という。左図はフォーレル（1841-1912）による湖沼の一生を模式化したものである。

幼年期(a)：湖盆形態が堆積物によって変化を受けていない状態

壮年期(b)：湖岸に湖棚の形成がみられ，河口付近には砂礫が堆積する。湖底には粘土等が堆積して平坦面が形成される。

老年期(c)：堆積物が湖盆全体を覆い，湖棚崖が埋積されて水深が2 m以下になる。

沼 (d)：湖底平原が泥土の堆積によってさらに浅くなり，湖棚と同じ水深になる。

沼 沢(e)：沼以上に水深が浅くなり，沈水植物に水面全体がおおわれて湿原になる。

湖沼の一生（吉村信吉による）

VIII 海洋

(1) 世界の海洋と分類

世界の海洋

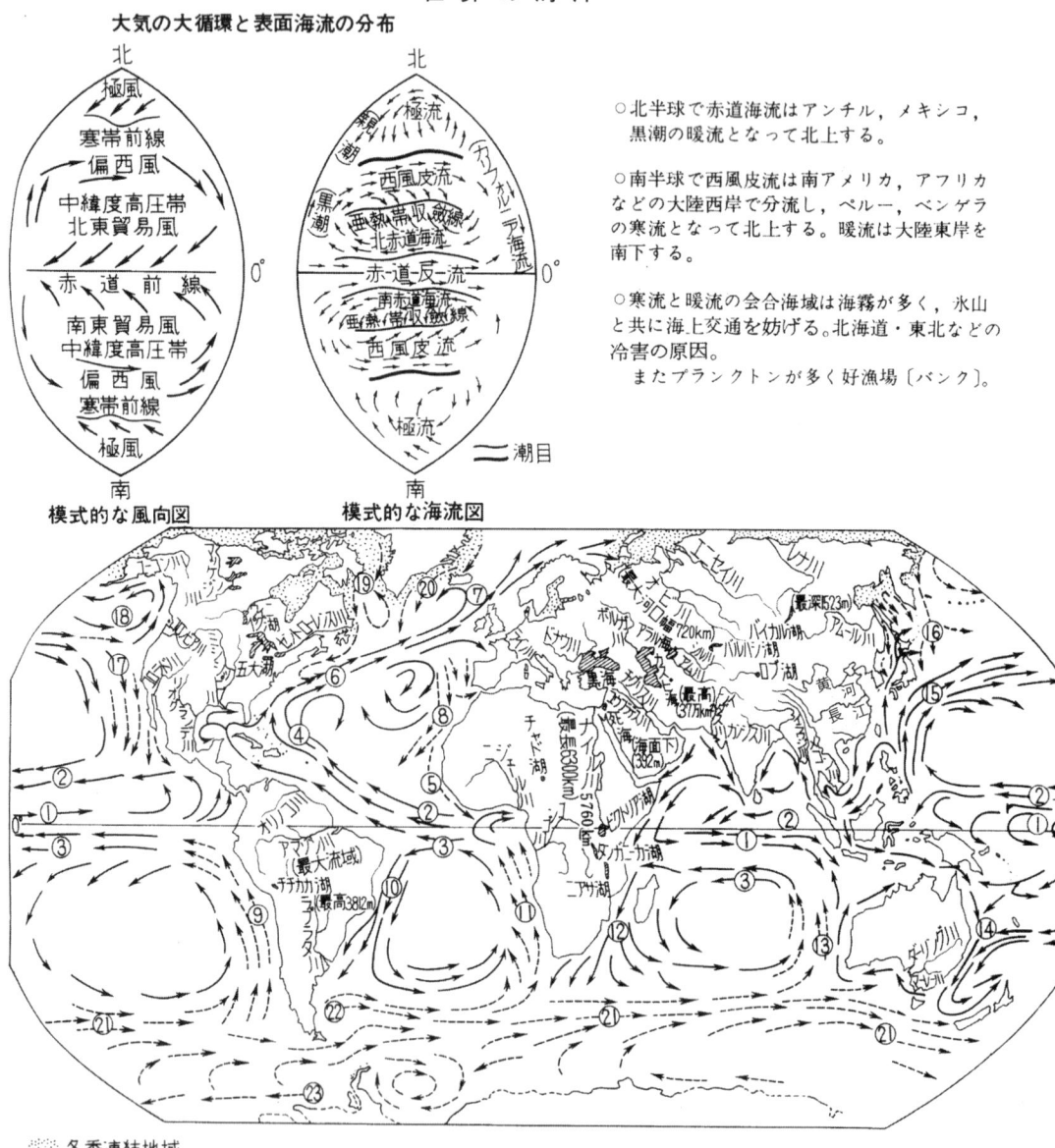

大気の大循環と表面海流の分布

模式的な風向図　　模式的な海流図

○北半球で赤道海流はアンチル，メキシコ，黒潮の暖流となって北上する。

○南半球で西風皮流は南アメリカ，アフリカなどの大陸西岸で分流し，ペルー，ベンゲラの寒流となって北上する。暖流は大陸東岸を南下する。

○寒流と暖流の会合海域は海霧が多く，氷山と共に海上交通を妨げる。北海道・東北などの冷害の原因。
またプランクトンが多く好漁場〔バンク〕。

冬季凍結地域
⇐ 暖流
⇍ 寒流

世界の海洋と陸水

① 赤道反流
② 北赤道海流
③ 南赤道海流
④ アンチル海流
⑤ ギニア海流
⑥ メキシコ湾流
⑦ 北大西洋海流
⑧ カナリア海流
⑨ ペルー(フンボルト)海流
⑩ ブラジル海流
⑪ ベンゲラ海流
⑫ モザンビーク海流(アガラス)
⑬ 西オーストラリア海流
⑭ 東オーストラリア海流
⑮ 日本海流(黒潮)
⑯ 千島海流(親潮)
⑰ カリフォルニア海流
⑱ アラスカ海流
⑲ ラブラドル海流
⑳ 東グリーンランド海流
㉑ 西風皮(漂)流
㉒ フォークランド海流
㉓ 南極海流

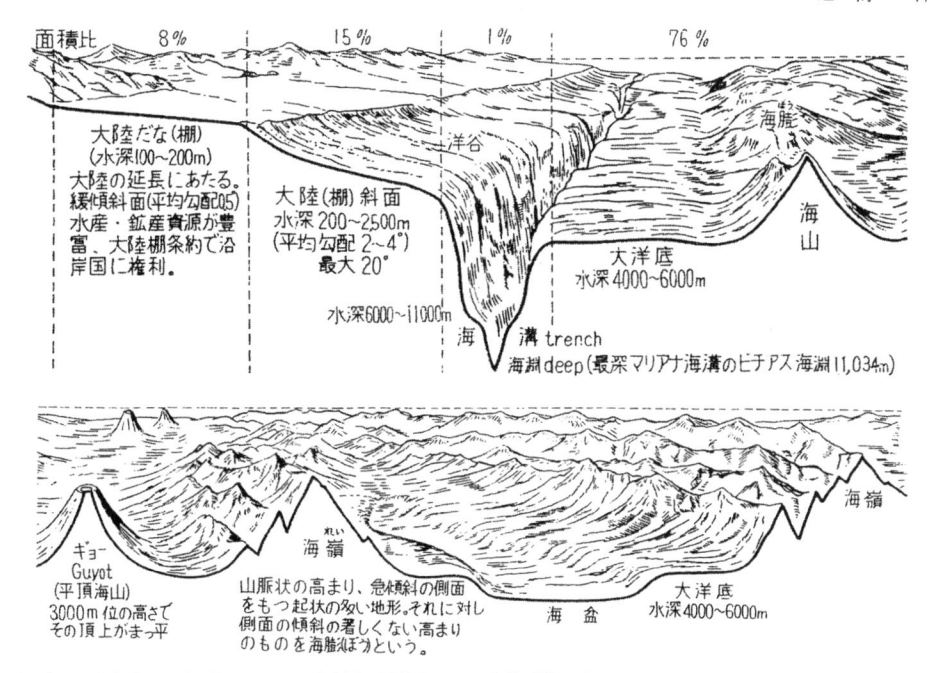

海底地形は，陸上の地形に比して傾斜が緩やかで大規模である。

太平洋の区分は，1845年イギリス地学協会が，大陸の南端の経線を用いることと設定した。

世界のおもな海洋

	海洋名	面積(km²)	平均深度(m)	水温(℃)	塩分(‰)	
大洋	太平洋	166.2	4,088	3.7	37.9	南アフリカのホーン岬W67°が大西洋との境
	大西洋	86.6	3,736	4.0	35.3	アフリカ南端のアグリアス岬E20°が境
	インド洋	73.4	3,872	3.8	34.8	タスマニア島の南西岬E146°が太平洋との境
	小　計	3,622.0	3,932	—	—	
附属海	北極海	9.5	1,330	-0.7	25.5	
	豪亜地中海	9.1	1,252	6.9	33.9	スンダ列島・フィリピン・ニューギニア・オーストラリアに囲まれる海
地中海	アメリカ地中海	4.4	2,164	6.6	36.0	カリブ海・メキシコ湾などの総称
	ハドソン湾	1.2	1,128	—	—	
	ヨーロッパ地中海	2.5	1,502	13.4	34.9	
	紅海	0.6	538	22.7	38.8	
縁(沿)海	ベーリング海	2.3	1,492	2.0	30.3	
	オホーツク海	1.4	973	1.5	30.9	
	東シナ海・黄海	1.2	272	9.3	32.1	東シナ海の値
	日本海	1.0	1,667	0.9	34.1	
	バルト海	0.4	101	3.9	26.0	
	カリフォルニア湾	0.2	724	9.1	30.5	
太平洋および縁(沿)海の合計		181.3	3,940	—	—	
大西洋および縁(沿)海の合計		94.3	3,575	—	—	
インド洋および縁(沿)海の合計		74.1	3,840	—	—	
北極海および縁(沿)海の合計		12.3	1,117	—	—	
全海洋		362.0	3,729	—	—	

地中海……大陸の中へ深く入り込んで，外海とは海峡で結ばれている．
縁(沿)海……大陸の縁辺で，島や半島に囲まれている海．

(『理科年表2007年版』ほかより)

海洋の名称

大洋 (Ocean)	地理的には大きい海を大洋という．大洋には太平洋，大西洋，インド洋の三大洋がある．面積が広く，塩分はそれぞれの大洋でほぼ一定し，独立した多くの海流をもっている．また，強力な潮汐があり，深い海溝がある．
付属海 (deprendent sea)	大洋に比べて小面積である．河川の影響を受けやすい海．付属海は，大陸内にある地中海と大陸外にある縁海に分けられる．
	(a)地中海 (mediterranean sea)：大陸中に深く入り込んだ海で，海峡によって大洋につながっている．2つ以上の大陸によって囲まれ，成因的には，陥没によるものが多い．北極海，アメリカ地中海，ラテン地中海，バルト海，紅海など．
	(b)縁（沿）海 (marginal sea)：縁（沿）海は，大陸とその外側にある島や半島にはさまれた海をいう．黄海，日本海，オホーツク海，ベーリング海，東シナ海，南シナ海などがある．
	(c)湾 (bay, gulf)：大洋や付属海にみられる．成因として陥没や侵食によるものが多い．
	(d)海峡 (strait channel)：大洋と大洋とを結ぶ狭い海．陥没，侵食によるものと考えられる．

海底地形

陸上の地形は，断層・火山などの内的作用と河川・風などの外的作用によって急速に変化するが，海底地形は，断層・火山活動などの急激な変化は別として，陸地よりかなりゆっくり長い時間をかけて変化する．陸地に隣接している沖合地域は沿岸流，波浪，河川などの影響により堆積・侵食作用がみられる．海底地形のうちおもなものをあげる．

陸棚（大陸棚） (continental shelf)	陸地から海洋に向かうと，陸地の延長部で傾斜の緩やかな浅く平坦な海底面がみられる．この平坦な海面を陸棚という．陸棚は，地域によって深さ・広さに差があり，水深200m近くまでの平坦な地域である．この陸棚を過ぎると急傾斜面がある．この陸棚は日光を通し，波の運動がみられるため，空気（酸素）の混入がある．また，陸上からの栄養類が流れ込み，プランクトンが多く発生するので良好な漁場となっている．北太平洋，東南シナ海，太平洋西部の弧状列島の東岸，その他の地域にこれが存在している．国際法の大陸棚については別の定義がある．
堆 (bank)	陸棚の平坦部の中で周囲より浅く盛り上がった部分がみられる．これを堆という．この成因を大別すると火山性・地質構造・珊瑚礁の沈降などによるものがあげられる．ドッガーバンク，グレートフィッシャーバンク，グランドバンク，大和堆，武蔵堆などがあげられる．
陸棚斜面 (continental slope)	陸棚の外縁に水深200〜2,500mの傾斜した斜面が存在している．この斜面を陸棚斜面という．平均勾配は2〜4°，最大20°である．断層海岸にはこの陸棚斜面は一部を除いて存在しない．陸棚斜面は太平洋では急傾斜をもち，インド洋はやや緩傾斜になっている．成因については種々の説があり，地域によっては定説化しているが，大部分はまだ確定されていない．
海溝 (trench)	水深6,000m以上地域に周囲が深いV字型をした急斜面をもつ細長い盆地上の凹地が存在する．この凹地を海溝という．日本近海には，アリューシャン・千島・日本・伊豆・小笠原・琉球などの海溝がみられる．海溝は太平洋に多く，大西洋・インド洋はやや少ない．
海淵 (deep)	海溝よりさらに深い深海底にみられる凹地で，測量によってその形状が確認された最も深い地域をいう．多くは海溝に隣接していて，なかには10,000mを超えるものもある．太平洋プレートの外縁部に多く，大西洋・インド洋には少ない．最も有名な海淵は，ピーチャン（東メラネシア）海淵である．
大洋底 (ocean floor)	地域によって広さ・深さは異なるが，水深4,000〜6,000m地域の海底をいう一般的・総合的名称である．厳密には海盆底を示す．大洋底は太平洋，大西洋では5〜6km，インド洋では3〜4kmの広さがある．海盆底は，①深海底，②海膨・海台，③海山の3つに分類される．
海山 (sea mount)	海底から1,000m以上もある規模の大きい山で，周囲から孤立した急斜面をもち，小さな山頂を有し，円形または楕円形の底面をもつ山地を海山という．大部分の海山は，規模が大きく，陸上の火山地形と類似しているが，陸上の火山と違って侵食作用がほとんどみられない．海山を構成している基盤はおもに火山岩系であるところから火山島が沈降したものが海底火山であると思われている．

ギョー (giyot, table mount)	深海底から比高4,000m程度の海山（半頂海山）で，形状は円形・楕円形または円錐形で頂上部が平坦になっている．ハワイ・マリアナ・アリューシャンなどの北西・南西太平洋，北西インド洋などにみられる．
海嶺 (ridge)	深海底に存在する急峻山脈を海嶺（大洋底山脈）という．山脈の長さ，規模は，陸地の山脈より大きく，頂上部は地域によって異なるが，水深2,000mより浅い地域もある．大西洋中央海嶺は，大西洋の中央を南北にS字型に，インド洋中央海嶺は，逆Y字型で地震を伴わない．太平洋には外の大洋のようなものはあまりみられない．
海盆 (basin)	深海底4,000m以上の深い海嶺，海膨，海山群などの囲まれた盆地の地域で，形状は円形・楕円形などをしたものが多くみられる．太平洋に14，大西洋に19，インド洋に12あるといわれている．
海底火山 (submarine volcano)	海底の火山で，浅海のものは陸上の火山活動にみられるものと同様である．深海の火山は，水圧のため特異な形をもった火山がみられる．太平洋にある海山，全大洋深海底の深海海丘も深海火山と考えられている．火山島になった海底火山は，規模も大きくカルデラも形成する．大洋底に存在する火山岩には，塩基性火山岩類が，海嶺上の火山には酸性火山岩類がみられる．海底火山は侵食作用の影響が小さいので火山規模は大きい．
深海底 (deep sea floor)	厳密な規定はないが，一般的には2,000～6,000mの海底部分をいう．水深4,000～5,000mが最も広く，全海底の1/3を占める．太平洋・大西洋は5,000～6,000m，インド洋は3,000～4,000mの部分がもっとも広くなっている．深海底の地形には，海嶺，海膨，海台，海山，ギョーなどの独立した隆起部も存在している．水深5,000m内外を示す大洋底と同語として用いることもある．
海台 (plateau)	頂上部は比較的広く平坦で，その平坦面に多少の凹凸がみられる．海台は，周囲の海底より200m以上隆起していて隆起斜面は地域によって異なるが，急傾斜し深海底に達する．海台は，地殻構造によって大陸性地殻をもつ大陸性海台と海洋性地殻をもつ海洋性海台に分かれる．前者はイギリス西方のロッコール，フォークランド，セイシェル，モザンピーク海台，後者は太平洋のオントンジャバ海台である．

（『海洋の事典』より）

(2) 世界のおもな海流

海　流
一定の方向，一定の深さ，一定の水温，一定の幅，一定の速度で流れるもの．

海流の原因
① 吹送流：洋上の卓越風によって起こる．長い期間一定の方向に風が吹いていると，海面と空気のあいだに摩擦ができ，海水が動きだす．海流の80％はこれである．
② 密度流：海水の密度差による．海水は場所によって水温の高低，塩分濃度に差があるため，密度の大きい方が小さい方へ海水の流れが生ずる．……黒潮，メキシコ湾流．
③ 傾斜流：水位の傾斜による．風や気圧の変化，河川の流れによって，海面に高低を生じて流れる海水が他の場所に移動した後，その移動した水をを補充するために流れが生ずる．……ペルー海流，カリフォルニア海流
④ 補　流：海水の移動を補うため，周囲の海水が動いて生ずる．

暖流と寒流
寒流は一般に高緯度から低緯度に向かう．周囲より低温，暖流より透明度は小さく（15m以下），プランクトンは多い．
暖流はまわりの海水より温度が高い海流．多くは赤道をはさんで両側にあり高緯度地方に流れる．

潮目（潮境）
寒暖両流の接するところ．栄養塩類の補給などで，プランクトンや魚類が集まり好漁場

潮流（潮汐流）

1日2回，月の引力による潮の流れ（干満の差）。鳴門海峡（12〜13 km/時），仁川（インチョン），リバプール，パタゴニア沿岸などは干満の差が大きい。

世界のおもな海流

①北赤道海流（暖流）
赤道の北を西流する海流で，太平洋の赤道の北を西へ流れ，冬は北緯5〜7°付近，夏は北緯10°より北を流れる。ミンダナオ島（フィリピン）付近で2つに分かれ，北は日本海流（黒潮）に，南は赤道反流となる。流速0.5〜1ノット（0.25〜0.5 m/s）。

②南赤道海流（暖流）
赤道の南を西流する海流で，オーストラリア東部で2つに分かれ，1つは赤道反流，1つは東オーストラリア海流（暖流）となる。

③赤道反流
南・北赤道海流の間を西から東へ向かって流れる海流で，緯度5〜10°程度を冬は少し南，夏はやや北を流れる。

④西風海流（西風漂流）（寒流）
南・北半球の偏西風帯に発達している海流で，西から東へ流れる表面流である。喜望峰（南アフリカ）付近から東流し，タスマニア（オーストラリア），ニュージーランドの南緯40〜50°付近を通り，ホーン岬（南アメリカ）を流れ，南アフリカの南端に達する。

⑤極流（寒流）
極地方から流れる海流で，西風海流と合流して極前線をつくる。

⑥北太平洋海流
黒潮から分流した典型的な西風海流。北緯40〜50°の間を東へ，一部は転向力の影響を受け，やや南にずれて北赤道海流との間に亜熱帯収束線を形成する。

⑦アラスカ気流（寒流）
北太平洋海流の一部が北上し，北アメリカ西岸，アラスカを流れる海流。

⑧カリフォルニア海流（寒流）
北太平洋海流が北アメリカ大陸に近づくと一部は南下してカリフォルニア沿岸近くを流れ，北赤道海流と合流する。北アメリカの西岸は，同緯度の東岸に比べて冷涼な気候となっている。

⑨東オーストラリア海流（暖流）
南赤道海流がオーストラリア大陸の東岸で南下する海流で，0.5〜3ノット（0.25〜1.5 m/s）の速さで流れる。

⑩フンボルト（ペルー）海流（寒流）
西風海流が南アメリカ大陸の西岸に沿って北上し，フンボルト（ペルー）海流となる。一部はドレーク海峡を通って大西洋へ出る。

⑪ベンゲラ海流（寒流）
西風海流の一部がアフリカ西岸を北上する海流で，赤道付近で南赤道海流と合流して西流し，ブラジル海流（暖流）とメキシコ湾海流に流入する。

⑫フロリダ海流（暖流）

北アメリカ東岸のフロリダ半島からハッテラス岬の間を北上する海流。流速4ノット(2 m/s)に達する。

⑬北大西洋海流（暖流）

メキシコ湾・カリブ海を流れ，北アメリカ東岸を北上し，アンチル海流と合流して北ヨーロッパに達する海流で，約3ノット（1.5 m/s）で流れる。

⑭カナリア海流（寒流）

北大西洋海流の一部と極流が合流して，南ヨーロッパからアフリカ西岸のカナリア諸島を流れる海流で，アンチル海流（暖流）を合流する。

⑮ラブラドル海流・東グリーンランド海流（寒流）

北大西洋の寒流で，北極圏から3〜7月にかけて氷山や流氷が運ばれてくる。北大西洋海流と極流が接するところに極前線がつくられる。

エル・ニーニョ（El Niño）（男の子）

1948年頃からこの現象が研究されるようになった。

太陽によって温められた高い海水温度の海水塊が12月中頃から南米ペルー〜エクアドル沖に出現する。これをエル・ニーニョと呼んでいる。この異常に高い海水塊が数年に一度赤道海流に乗ってマリアナ群島〜ニューギニア近くまで張り出す。この張り出しがときどき異常気象を起こすといわれている。エル・ニーニョ現象の研究は途上であるが，①この現象は1年〜1年半ほど続くときもある。②この現象の出現は，2〜5年間隔で起こる。③この現象により，気温が2〜5℃ほど高くなる（東方に偏している場合）ときがある。④異常気象の発生は，冷夏30％，普通40〜50％，暑夏30％になっている。この反対に太平洋の赤道海流が異常に低水温になる場合をラ・ニーニャと呼んでいる。

200海里（カイリ）

排他的経済水域のことで，沿岸各国の領海は，大部が12海里となっている。1996年国連海洋法ができ，各沿海国の経済水域を200海里（約370 km）と定めた。日本もこれを批准している。日本はロシア・メキシコ・アメリカなど多くの国と漁業協定を結び，各国の200海里内でも漁業が行えるようにしている。

公　　海

領海・排他的経済水域以外の水域を公海としている。漁業資源保護という目的でアジアには，アジア太平洋漁業委員会・漁業管理機関などに加盟することが義務づけられている。

(3) 海洋開発

地球の70％は海洋で，近年，海洋（海底）開発に新しい時代を迎えた。大陸棚の漁場と地下資源，深海の開発（深海漁場），海洋の潮汐エネルギー，海水の温度差発電，海水の淡水化などが注目される。将来，人間は海底で生活（海底の家）して，海底牧場を開き，魚を養殖，海草を栽培し，海底ステーションで働き，鉱物資源を開発し，石油採掘のパイプラインを敷設したりして，海底が陸上と同様に活用されるような時代がくるかもしれない。

(4) 日本付近の海流

①日本海流（黒潮・暖流）

北赤道海流から分流し北上した海流で，日本列島の太平洋沿岸を流れ，金華山沖で北太平洋を

東流する。塩分は 34.8～35‰。水色も濃いところから黒潮と名づけられた。水温夏 27～28℃，冬 20℃。幅平均 300 km，深さ 300～400 m。流速毎時平均 4～7 km。

②対馬海流（黒潮・暖流）

北赤道海流が分流し，九州南西で黒潮が 2 つに分かれ，対馬海峡を通って日本海沿岸を北上する黒潮である。この海流は，樺太（サハリン）の西岸まで達する。塩分は，34～34.6‰。幅 35～55 km，深さ 150 m。流速毎時平均 0.8～1.5 km。

③千島海流（親潮・寒流）

ベーリング海の冷水に源を発し，カムチャツカ半島の東岸から千島列島沿いに南下し，三陸沖海岸近くまで流れる。夏は金華山付近で黒潮と接する。冬は房総半島沖まで南下する。塩分 33.7‰。水温夏でも 7～8℃。流速平均 1 日 15～60 km。透明度は 15 m 以下で，プランクトン豊富。東北地方は親潮の影響で冷害になることもある。

④オホーツク海流（親潮・寒流）

東カラフト海流が宗谷付近で向きを変え，千島列島沿いに北東流し，太平洋側に出て親潮と合流する。

⑤リマン海流（寒流）

対馬海流が北上しながら冷やされ，北のオホーツク海やサハリン（樺太）付近からくる海流と合流し，シベリア・朝鮮半島の東岸沿いに流れる海流で，対馬海流の反流か補流と思もわれているが，不明な点が多い。冬季水温 0℃内外・塩分 34.0‰，夏季水温 16℃以上・塩分 33.8‰・流速 0.5 ノット以下。

直線基線

国連海洋法で領海 12 海里の線を引くときの基準とする基線。領海とする海岸線が大きく凹凸している場合，適当な 2 点間を結ぶ線を直線基線という。

海水中の塩分

海水の塩分は，海水 1 kg 中に塩類が何 g 含有しているかで表わす。一般に千分率（‰）パーミルで表

海水中の塩類

物質名	化学式	海水 1kg 中の含有量 (g)	塩類総量に対する比 (%)
塩化ナトリウム	NaCl	24.447	68.96
塩化マグネシウム	$MgCl_2$	4.981	14.06
硫酸ナトリウム	Na_2SO_4	3.917	11.05
塩化カルシウム	$CaCl_2$	1.102	3.11
塩化カリウム	KCl	0.664	1.87
炭酸ナトリウム	$NaHCO_3$	0.192	0.54
臭化カリウム	KBr	0.096	0.27
その他		0.053	0.15
合計		34.482	100

海水中の塩素（Cl）の量を測り，それから比率に基づいて N（‰）の値を計算する。$S = 0.030 + 1.805Cl$ の式で算出する（S：塩分，Cl：塩素量）。これをクヌーツセンの公式という。

（『海洋の事典』ほかより）

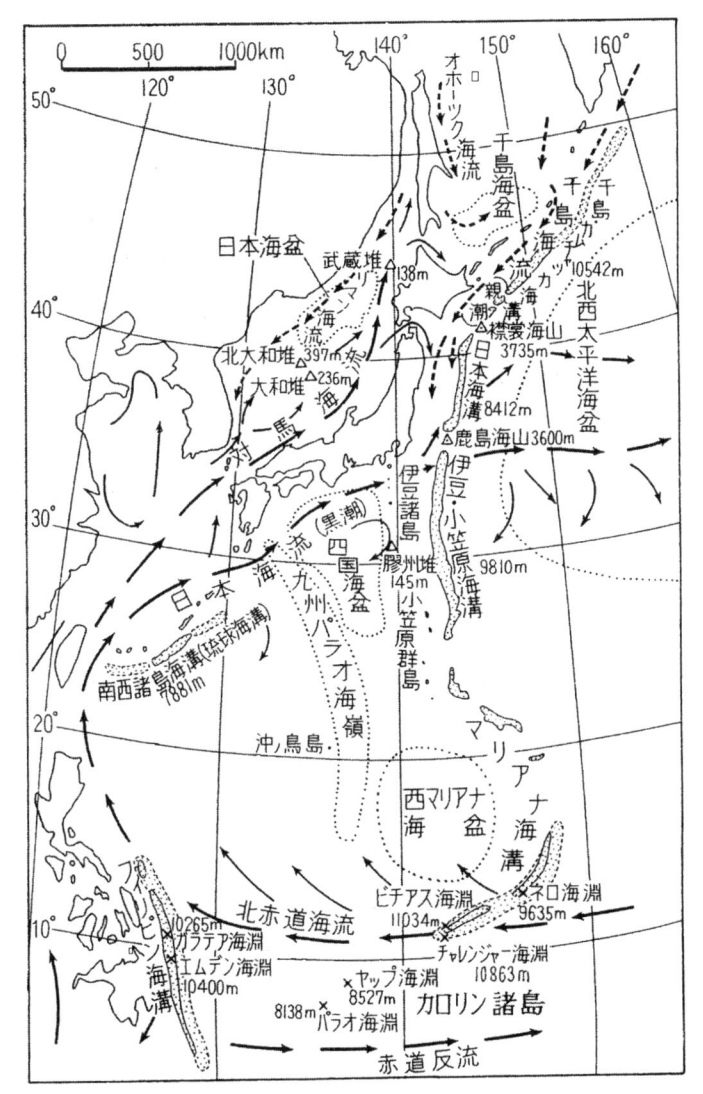

日本の近海図

わす。海水1kgに34g塩類が溶けている場合，34‰という。

海水の密度

海水の密度は，海水1cc（1cm^3）がもつ塩分の質量で，g/ccで表す。海水の密度は，ほぼ1.03g/ccである。1気圧4℃のもとで測った海水1ccの質量と同じ条件の純水1ccの質量との比をその海水の比重という。一般に海水の比重は，約1.0200〜1.0310の範囲にある。

世界の主要漁場

・北東大西洋漁場（北西ヨーロッパ）

北海の大陸棚にはドッガーバンク，グレートフィッシャーバンクがある。海流は北大西洋海流（暖流）と東グリーンランド海流（寒流）がぶつかり，潮目が形成され，プランクトンが繁殖してよい漁場になっている。周辺にはリアス式海岸とフィヨルドの良港がある。……にしん，たら など

・北西大西洋漁場（北米東岸）

この漁場は，ニューファンドランドを発見したフランスの漁民によって開発された。グランドバンク，ジョージバンクなどがある。また，この漁場は，メキシコ湾流（暖流）とラブラドル海流（寒流）が合流して潮目を形成しているためにプランクトンも多く繁殖するので，よい漁場になっている。……にしん，たら，さば，かれい　など

・北西太平洋漁場（北太平洋西岸）

　この漁場は，日本海の水深200mと浅い大陸棚付近にみられる。日本海流（黒潮）と千島海流（親潮）が合流して潮目を形成している。……さけ，ます，にしん，たら，さば，いわし，かつお，まぐろ　など

・北東太平洋漁場（北米西岸）

　この漁場は，カリフォルニア海流が南下しているところで，とくにフレーザー川，コロンビア川などはさけ，ますのよい産卵場となっている。……さけ，ます

・南東太平洋漁場

　ペルー海流（寒流）が北上しており下層から栄養塩類が供給され，プランクトンが繁殖して好漁場になっている。……アンチョビー（かたくちいわし）

世界四大漁場

　大陸棚の部分で，河川が豊富な栄養分を供給するとともに，暖流と寒流のぶつかるところがよい漁場となっている。

・北太平洋漁場……日本近海，オホーツク海，千島近海…にしん，たら，さけ，ます，かに　など
・カナダ漁場……カナダ，アラスカ，ベーリング海付近…さけ，ます，いわし　など
・ニューファンドランド漁場……ニューファンドランド近海…にしん，たら　など
・北海漁場……北海，ノルウェー近海，アイスランド…にしん，たら　など

参 考 文 献

アーバンクボタ編集部（1981）:関東堆積盆地．アーバンクボタ 18，久保田鉄工．

アーバンクボタ編集部（1982）:利根川．アーバンクボタ 19，久保田鉄工．

アーバンクボタ編集部（1983）:最終氷期以降の関東平野．アーバンクボタ 20，久保田鉄工．

飯田貞夫（1993）:『やさしい陸水学』文化書房博文社．

飯田貞夫・江口 旻ほか（1999）『人間をとりまく自然と環境』文化書房博文社

飯塚浩二（1966）:『地理学と歴史』古今書院．

五百沢智也（1967）:『地形図読本』山と渓谷社．

池谷 浩（2003）:『火山災害』中央公論新社．

井関弘太郎（1983）:『沖積平野』東京大学出版会．

市川健夫（1984）:『雪国文化誌』（NHKブックス）日本放送出版協会．

市川正己（1993）:『水文学の基礎』古今書院．

伊藤和明（1995）:『直下地震』岩波書店．

井上英二（1966）:『五万分の一地図』（中公新書）中央公論社．

上田誠也監修（1983）:『移動する日本列島』ダイヤモンド社．

宇田道隆（1969）:『海』岩波書店．

海津正倫（1994）:『沖積低地の古環境学』古今書院．

江口 旻・春山成子（1990）:『地理学概説』文化書房博文社．

尾池和夫（1989）『地震発生のしくみと予知』古今書院．

大森八四郎（1997）:『地形図の本』国際地学協会．

大矢雅彦（1979）:『河川の開発と平野』大明堂．

大矢雅彦（1993）:『河川地理学』古今書院．

大矢雅彦編（1983）:『地形分類の手法と展開』古今書院．

大矢雅彦編（1994）:『防災と環境保全のための応用地理学』古今書院．

岡山俊雄ほか（1975）:『自然地理学 地形篇』地人書館．

尾崎幸男（1977）:『地図の手引き』日本地図センター．

貝塚爽平（1958）:関東平野の地形．地理学評論，31-2．

貝塚爽平（1979）:『東京の自然史』（増補版）紀伊国屋書店．

貝塚爽平（2001）:『日本の地形』東京大学出版会．

籠瀬良明（1987）:『標準読図と作業』古今書院．

籠瀬良明（1988）:『改訂 地図読解入門』古今書院．

勝俣 護編（1993）:『地震・火山の事典』東京堂出版．

加藤碩一（1989）:『地震と活断層の科学』朝倉書店．

金子史朗（1972）:『地形図説 1・2』古今書院．

榧根 勇（1992）:『地下水の世界』日本放送出版協会．

関東ローム研究グループ（1965）:『関東ローム』築地書館．

北田宏藏（1948）:『地形図に関する作業』古今書院．

北野 康（1969）:『水の科学』日本放送出版協会．

沓名景義・坂戸直輝（1980）:『海図の読み方』天然社．

久保寺 章（1973）:『火山の科学』日本放送出版協会．

蔵田 延（1960）:『地盤沈下と地下水開発』理工図書．

小出 博（1970）:『日本の河川』東京大学出版会．

国土交通省（2004）:『日本の水資源』国立印刷局．

国土地理院（1976）:『5万分の1地形図図式』日本測量協会．

古今書院編集部編（1969）:『図解・表解の地理』（増補版）古今書院．

小林寿太郎（1994）:『気象をはかる』日本規格協会．

近藤精造・門田長夫（1978）:『地学図説集』文化書房博文社．

西條八束（1967）:『日本の湖』講談社．

西條八束（1968）:『湖沼調査法』（増補改訂）古今書院．

西條八束（1988）:『湖は生きている』蒼樹書房．

（財）河川環境管理財団（1998）:『わたしたちの暮らしと河川環境』〔1〕．

（財）消防科学総合センター（1992）:『地域防災データ総覧防災まちづくり編』．

斉藤享治（1988）:『日本の扇状地』古今書院．

阪口 豊・高橋 裕ほか（1986）:『日本の川』岩波書店．

佐藤任弘（1969）:『海底地形学』ラティス社．

佐原市水郷佐原観光協会（1988）『伊能忠敬』水郷佐原観光協会．

（社）日本建設機械化協会編（1988）:『新編防雪工学ハンドブック』森北出版．

鈴木静夫（1973）:『日本の湖沼』内田老鶴圃．

鈴木尉元（1975）:『日本の地震』築地書館．

須田皖次（1962）:『海洋学通論』古今書院．

高崎正義（1976）『地図入門』（NHKブックス）日本放送出版協会

高橋浩一郎（1990）:『気候と人間』日本放送出版協会．

高橋 裕（1979）:『国土の変貌と水害』岩波書店．

高橋 裕編（1985）:『水のはなし Ⅰ〜Ⅲ』技報堂出版．

高橋 裕・綿抜邦彦ほか編（1998）:『水の百科事典』

丸善.
高山茂美（1986）：『川の博物誌』丸善.
竹内　均（1973）：『地震の科学』日本放送出版協会.
竹内　均ほか編（1970～73）：『新版地学辞典　Ⅰ～Ⅲ』古今書院.
武田通治（1990）：『地形図の成り立ちと見方』古今書院.
多田文男（1964）：『自然環境の変貌』東京大学出版会.
地学団体研究会（1977）：『土と岩石』（新地学教育講座）東海大学出版会.
地学団体研究会（1977）：『暮らしと環境』東海大学出版会.
地学団体研究会（1983）：『地震と火山』（新地学教育講座）東海大学出版会.
地学団体研究会（1984）：『海洋と陸水』東海大学出版会.
地下水政策研究会（1994）：『わが国の地下水』大成出版社.
地下水問題研究会編（1991）：『地下水汚染論』共立出版.
地下水問題研究会編（1998）：『地下水資源・環境論』共立出版.
坪井忠二（1967）：『地震の話』岩波書店.
東海三県地盤沈下調査会編（1985）：『濃尾平野の地盤沈下と地下水』名古屋大学出版会.
東京天文台：『理科年表』（各年版）丸善.
土木学会関西支部編（1989）：『水のなんでも小事典』講談社.
土木学会関西支部編（2001）：『川のなんでも小事典』講談社.
とやまの雪研究会編（198790）：『雪国新時代』古今書院.
中野尊正・式　正英（1986）：『新版　地形の教室』古今書院.
中村久由（1964）：『日本の温泉』実業公論社.
西村嘉助・福井英夫ほか（1968）：『自然的基礎』大明堂.
西村睦二（1978）：『地図が全部わかる本』（ガイドシリーズ）交通公社.
日本国際地図学会（1986）：『地図学用語事典』日本国際地図学会.
日本雪氷学会編（1990）：『雪氷辞典』古今書院.
日本地誌研究所（1991）：『地理学辞典』二宮書店.
日本分析化学会北海道支部（1966）：『水の分析』化学同人.
野間三郎（1966）：『地理学のあゆみ』古今書院.
野満隆治ほか（1959）：『新河川学』地人書館.
萩原幸男編（1993）：『災害の事典』朝倉書店.

畠中武文（1996）：『河川と人間』古今書院.
早川　光（1995）：『ミネラルウォーター・ガイドブック』新潮社.
半谷高久（1960）：『水質調査法』丸善.
半谷高久・高井　雄ほか（2001）：『水質調査ガイドブック』丸善.
東　晃（1967）：『氷河』中央公論社.
樋口清之（1993）：『日本人はなぜ水に流したがるのか』PHP研究所.
広田　勇（1985）：『大気大循環と気候』東京大学出版会.
福井英一郎（1996）：『自然地理学』朝倉書店.
藤井陽一郎（1967）：『日本の地震学』（紀伊国屋新書）紀伊国屋書店.
堀　淳一・塩見一郎ほか（1990）：『地図記号』批評社.
真木太一（2007）：『風で読む地球環境』古今書院.
水収支研究グループ（代表：柴崎達雄）（1973）：『地下水資源学－広域地下水開発と保全の科学－』共立出版.
湊　正雄（1954）：『後氷期』築地書館.
湊　正雄（1962）：『湖の一生』福村書店.
湊　正雄・井尻正次（1958）：『日本列島』（岩波新書）岩波書店.
宮村　忠（1985）：『水害』中央公論社.
村山　磐（1977）：『日本の火山災害』講談社.
守屋以智雄（1987）：『日本の火山地形』東京大学出版会.
矢澤大二・前島郁雄（1977）：『気候の教室』古今書院.
山口弥一郎（1969）：『地理学概説』文化書房博文社.
山田安彦編（1984）：『地域の科学』古今書院.
山本荘毅編（1968）：『新版　地下水調査法』古今書院.
山本荘毅（1973）：『陸水』共立出版.
山本荘毅編（1986）：『地下水学用語辞典』古今書院.
山本荘毅・高橋　裕（1987）：『図説水文学』共立出版.
UFJ総合研究所編（2003）：『手にとるように環境問題がわかる本』かんき出版.
吉野正敏（1980）：『気候学』大明堂.
吉野正敏編（1981）：『世界の気候・日本の気候』朝倉書店
吉野正敏編（1988）：『雪と生活』大明堂.
吉野正敏ほか編（1985）：『気候学・気象学辞典』二宮書店.
吉村信吉ほか（1937）『湖沼学』三省堂.
和達清夫（1960）：『海洋の事典』東京堂出版.

著者紹介

江口　旻（えぐち　あきら）		法政大学卒.
		元亜細亜大学教授.
飯田貞夫（いいだ　さだお）		法政大学卒.
		茨城キリスト教大学名誉教授.
斎藤　仁（さいとう　ひとし）		横浜国立大学卒.
		学習院名誉教授.
志村　聡（しむら　さとし）		日本大学卒.
		跡見学園中学校高等学校教諭.

書　名	図説　自然と環境
コード	ISBN978-4-7722-4120-5 C1025
発行日	2008年 5月15日　初版第1刷発行
	2019年 2月 1日　初版第5刷発行
著　者	江口　旻・飯田貞夫・斎藤　仁・志村　聡
	©2008　Eguchi, A., Iida, S., Saito, H. and Simura, S.
発行者	株式会社古今書院　橋本寿資
印刷者	太平印刷社
発行所	古今書院
	〒101-0062　東京都千代田区神田駿河台2-10
電　話	03-3291-2757
FAX	03-3233-0303
URL	http://www.kokon.co.jp/
	検印省略・Printed in Japan

いろんな本をご覧ください
古今書院のホームページ

http://www.kokon.co.jp/

★ 800点以上の**新刊・既刊書**の内容・目次を写真入りでくわしく紹介
★ 地球科学やGIS，教育など**ジャンル別**のおすすめ本をリストアップ
★ 月刊『地理』最新号・バックナンバーの特集概要と目次を掲載
★ 書名・著者・目次・内容紹介などあらゆる語句に対応した**検索機能**

古今書院

〒101-0062　東京都千代田区神田駿河台2-10
TEL 03-3291-2757　　FAX 03-3233-0303
☆メールでのご注文は　order@kokon.co.jp　へ